Wolfgang Böhm
Günther Gose
Jürgen Kahmann

Methoden der Numerischen Mathematik

Mit 78 Bildern

V

Friedr. Vieweg & Sohn Braunschweig / Wiesbaden

CIP-Kurztitelaufnahme der Deutschen Bibliothek

Böhm, Wolfgang:
Methoden der numerischen Mathematik/Wolfgang
Böhm; Günter Gose; Jürgen Kahmann. –
Braunschweig; Wiesbaden: Vieweg, 1985.
Frühere Ausg. u. d. T.: Böhm, Wolfgang:
Einführung in die Methoden der numerischen
Mathematik
ISBN 3-528-08900-8

NE: Gose, Günter:; Kahmann, Jürgen:

1977 erschien eine erste Fassung des Buches unter dem Titel
Wolfgang Böhm/Günther Gose, Einführung in die Methoden
der Numerischen Mathematik.

1985

Satz: Friedr. Vieweg & Sohn, Braunschweig
Druck und buchbinderische Verarbeitung: W. Langelüddecke, Braunschweig
Umschlaggestaltung: Peter Lenz, Wiesbaden
Printed in Germany

ISBN 3-528-08900-8

Vorwort

Dieses Buch wendet sich an Studenten der Mathematik bis zum Vordiplom, an Informatiker und an Interessenten aus anderen naturwissenschaftlichen Fächern. Vorausgesetzt werden nur Grundkenntnisse der Analysis und der linearen Algebra.

Dieses Buch entstand aus einer einsemestrigen, dreistündigen Vorlesung, die der erstgenannte Verfasser wiederholt an der TU Braunschweig hielt. Es bringt eine elementare Einführung in die Methoden der numerischen Mathematik. Hauptanliegen ist es, die Grundideen der algorithmischen Lösung verschiedenster mathematischer Aufgaben möglichst klar werden zu lassen, um den Studenten in die Lage zu versetzen, verwandte Fragestellungen selbständig zu bearbeiten sowie die erlernten Prinzipien auf neue Probleme anzuwenden.

Um bei den Studenten die Freude an der Praxis zu wecken, sollte der Stoff möglichst lebendig dargestellt werden, ohne die Grundgedanken der Verfahren mit bezeichnungs- und beweistechnischen Schwierigkeiten zu überdecken.

Um praxisnah zu sein, sind die Algorithmen stets in einer Algol 60 ähnlichen Schreibweise angegeben, die unmittelbar programmierbar ist. An einfachen Beispielen wird der Ablauf der Verfahren demonstriert.

Für die vorliegende Auflage wurde der Text an einigen Stellen korrigiert und – wie etwa durch einen Abschnitt über die Flächen von Coons – ergänzt. Zusätzlich wurden zwei Kapitel über die Methoden der finiten Elemente aufgenommen, die – weniger technisch orientiert – die eigentlichen Grundgedanken der Methode herausstellen. Schließlich findet der interessierte Leser jetzt auch ein Verzeichnis weiterführender Literatur.

Wolfenbüttel und Stuttgart im Juli 1984

Wolfgang Böhm
Günther Gose
Jürgen Kahmann

Inhaltsverzeichnis

I Grundbegriffe

Eine eindeutige endliche Verarbeitungsvorschrift, die auf eine ganze Klasse von Problemen anwendbar ist und in endlich vielen Schritten ein Problem in ein anderes Problem oder seine Lösung überführt, heißt **Algorithmus.**

1 Algorithmen und Fehlerfortpflanzung

Die Numerische Mathematik befaßt sich mit der Herleitung und Untersuchung von Algorithmen zur Lösung numerischer Probleme. Nicht jedes Problem ist wegen der Rundungsfehler auch auf einem Digital-Rechner lösbar. Nicht jeder Algorithmus bestimmt auf einem Digital-Rechner die Lösung genügend genau.

1.1 Algorithmen

Unter einem **Algorithmus** versteht man in der Numerischen Mathematik eine genau angebbare Folge einzelner **elementarer Operationen**, die auf die zugelassenen **Eingabedaten** angewandt, nach endlich vielen Schritten einen Satz von **Ausgabedaten** erzeugt. **Eingabe-** und Ausgabedaten sind im allgemeinen Elemente des $\mathbb{R}^n$ bzw. $\mathbb{R}^m$. Zu den elementaren Operationen können zum Beispiel die vier Grundrechnungsarten gehören, aber auch die bestimmte Integration oder das Lösen linearer Gleichungssysteme.

Jeder Algorithmus besteht aus zwei Teilen: In seinem **Deklarationsteil** werden die Ein- und Ausgabedaten definiert, in seinem **Anweisungsteil** werden die durchzuführenden elementaren Operationen in möglichst klarer und übersichtlicher Schreibung angegeben. Die Anweisungen werden durchnumeriert und falls notwendig kommentiert.

Als Beispiel soll die Berechnung einer **Produktsumme**

$$s = a_1 b_1 + \dots + a_n b_n$$

dienen. Der Algorithmus dafür lautet:

Produktsumme

Gegeben:	$a_1, \dots, a_n;\ b_1, \dots, b_n$
Gesucht:	$s = a_1 b_1 + \dots + a_n b_n$

1 Setze $s := 0$

2 Für $i = 1, 2, \dots, n$

3 bilde $s := s + a_i b_i$.

Dabei ist „:=“ das **Ersetzungszeichen.** Die Anweisung **2** „Für $i = 1, 2, \ldots, n$“ meint, daß die Anweisung **3** „bilde $s := s + a_i b_i$“ der Reihe nach für $i = 1, i = 2, \ldots, i = n$ auszuführen ist; diese Anweisung **3** ist daher der (Lauf-)Anweisung **2** untergeordnet, was durch **Einrücken** der Zeile gekennzeichnet ist. Die Variable s ist anfangs Null, dann Zwischenergebnis und stellt am Ende die Lösung des Problems dar. Jeder Algorithmus wird mit einem Namen versehen und durch Einrahmen hervorgehoben.

1.2 Realisierung von Algorithmen

Bei der Durchführung von Algorithmen von Hand oder auf einer Rechenanlage treten Fehler auf, weil konkrete Rechnungen nur in einer endlichen Teilmenge der reellen Zahlen durchgeführt werden, die i.a. gegenüber dem Algorithmus nicht abgeschlossen ist. So arbeiten Rechenanlagen i.a. nur mit reellen Zahlen der Form

$$\tilde{x} = m \cdot 10^a$$

mit ganzzahligen **Exponenten** a, $|a| \leq q$, und mit Mantissen m, die als p-ziffriger Dezimalbruch mit $|m| < 1$ angebbar sind. Diese Zahlen nennt man **Maschinenzahlen** oder auch **Gleitpunktzahlen.** Ist $|m| \geq 0.1$, so heißt die Mantisse **normiert.** Als Bereiche für den Exponenten und die Mantisse sind $q = 99$ und $p = 8$ bis $p = 12$ üblich. Eine reelle Zahl x wird durch eine **nächstgelegene** Maschinenzahl $\tilde{x}$ dargestellt. Man nennt diesen Vorgang **Runden.**

Eine Rechenanlage multipliziert, indem sie zwei reelle Zahlen x und y zu $\tilde{x}$ und $\tilde{y}$ rundet, dann $z = \tilde{x} \cdot \tilde{y}$ bildet und (falls z dem Betrage nach kleiner als 10^q ist) wiederum zu einer Maschinenzahl $\tilde{z}$ rundet. Im allgemeinen ist daher $\tilde{z} \neq \widetilde{x \cdot y}$. Entsprechend verlaufen die anderen Grundrechnungsarten. Sie bilden zusammen die sogenannte **Gleitpunktarithmetik.** Man beachte, daß in dieser Arithmetik weder das Assoziativgesetz noch das Distributivgesetz gilt.

Für normierte Mantissen wird der **relative Rundungsfehler** ρ für die kleinste Mantisse 0,1 am größten, es ist

$$\rho := \left| \frac{x - \tilde{x}}{x} \right| \leq \frac{0{,}5 \cdot 10^{-p}}{0{,}1} = 5 \cdot 10^{-p} .$$

Die Zahl $eps := 5 \cdot 10^{-p}$ heißt **Maschinengenauigkeit.** Offenbar ist eps auch die betragskleinste Zahl deren Addition zu Eins auf der Maschine einen von Eins verschiedenen Wert ergibt.

1.3 Die Beurteilung von Algorithmen

Ein **Algorithmus** definiert eine Abbildung f einer Teilmenge des $\mathbb{R}^n$, den Eingabedaten, in den $\mathbb{R}^m$ der Ausgabedaten, d.s. die Lösungen des Problems. Rundungsfehler und andere Fehler in den Eingabedaten führen zu Fehlern in den Ausgabedaten. Man fordert, daß diese Fehler nicht zu groß werden und nennt ein Problem **gut konditioniert**, falls eine relative Änderung der Eingabedaten um eps die Ausgabedaten nur wenig verfälscht. Diese Verfälschung heißt der **unvermeidbare** Fehler.

Man nennt einen Algorithmus **numerisch stabil** oder **gutartig**, falls die durch Rundungsfehler im Laufe der Rechnung entstehende Verfälschung des Endergebnisses nicht wesentlich größer als der unvermeidbare Fehler ist. Es kann ein Problem gut konditioniert sein, ein Algorithmus zu seiner Lösung aber muß deshalb nicht gutartig sein.

1.4 Aufgaben und Ergänzungen

1. Das Produkt $z = x \cdot y$ ist gut konditioniert.
2. Die Summe $z = x + y$ ist zumindest für $xy \geq 0$ gut konditioniert.
3. Die Summe $z = x + y$ ist für $x \approx -y$ und $x \neq 0 \neq y$ bei Gleitpunktarithmetik schlecht konditioniert, man spricht dann von **Auslöschung**.
4. Das lineare Gleichungssystem

$$\begin{aligned} ax + \ \ y &= 1 \\ x + ay &= 0 \end{aligned}$$

ist für $|a| \approx 1$ schlecht konditioniert.

5. Der Ausdruck

$$z = x - \sqrt{x^2 + y}, \qquad x \gg y > 0$$

ist gut konditioniert. Mit einem relativen Fehler von *eps* beim Wurzelziehen ist

$$z := x - \sqrt{x^2 + y}$$

kein gutartiger Algorithmus, wohl aber

$$z := \frac{-y}{x + \sqrt{x^2 + y}} \;,$$

warum?

2 Matrizen

Die Probleme der Linearen Algebra lassen sich besonders einfach und übersichtlich mit Matrizen schreiben. Das gilt auch für die Beschreibung der Algorithmen zur Lösung dieser Probleme.

2.1 Bezeichnungen

Die $n \cdot m$ Koeffizienten $a_{i,k}$ des **inhomogenen linearen Gleichungssystems**

$$
\begin{array}{ccccccc}
a_{1,1}x_1 & + & a_{1,2}x_2 & + \dots + & a_{1,m}x_m & = & a_1 \\
\vdots & & \vdots & & \vdots & & \vdots \\
a_{n,1}x_1 & + & a_{n,2}x_2 & + \dots + & a_{n,m}x_m & = & a_n
\end{array}
\tag{1}
$$

bilden eine n, m-**Matrix**

$$
A := \begin{bmatrix} a_{1,1} & a_{1,2} & \dots & a_{1,m} \\ \vdots & \vdots & & \vdots \\ a_{n,1} & a_{n,2} & \dots & a_{n,m} \end{bmatrix} = [a_{i,k}].
$$

In ihr steht das **Element** $a_{i,k}$ im Schnitt der **Zeile** i mit der **Spalte** k. Es ist oft nützlich, eine n, m-Matrix als rechteckigen **Block** darzustellen:

$A =$ 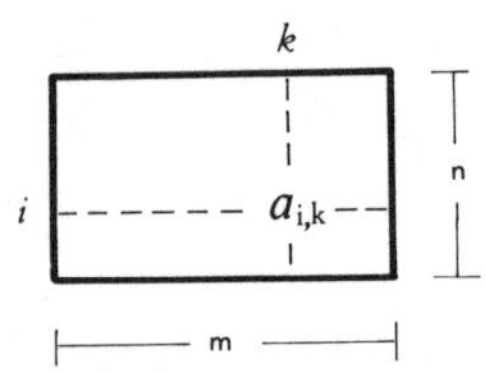 .

Ist $m = n$, so heißt die Matrix **quadratisch.**

Die m, n-Matrix $A^T := [a_{k,i}]$ besitzt als Zeilen die Spalten der n, m-Matrix A und heißt **transponiert** zu A:

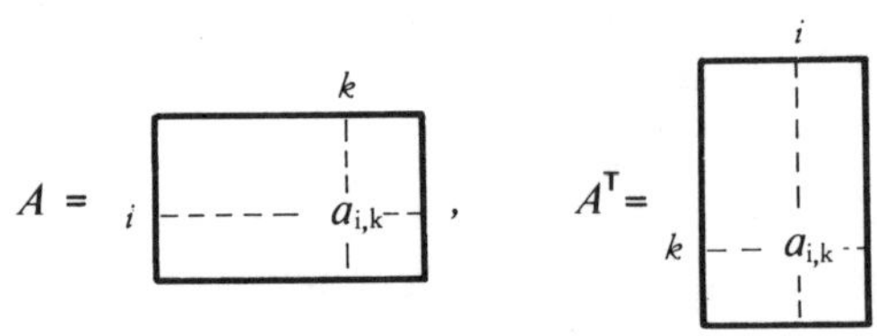

Ist $A^T = A$, so ist die Matrix **symmetrisch,** d.h. es ist $a_{i,k} = a_{k,i}$ und $m = n$.

Eine quadratische Matrix $E = [\delta_{i,k}]$ mit $\delta_{i,i} = 1$ und $\delta_{i,k} = 0$ für $i \neq k$ heißt **Einheitsmatrix.**

Eine quadratische Matrix R mit $r_{i,k} = 0$ für $i > k$ heißt **rechte** (obere) **Dreiecksmatrix**, eine quadratische Matrix L mit $l_{i,k} = 0$ für $i < k$ heißt **linke** (untere) **Dreiecksmatrix**:

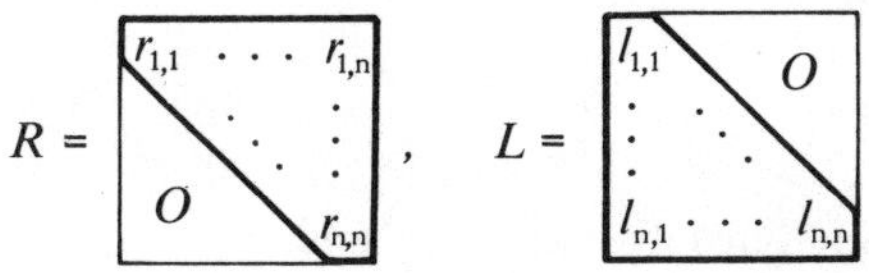

Eine $n,1$-Matrix $\boldsymbol{a}$ heißt n-**Spalte** oder **Spaltenvektor**, eine $1,m$-Matrix $\boldsymbol{b}^T$ m-**Zeile** oder **Zeilenvektor**, eine 1,1-Matrix c heißt **Skalar.**

Eine Matrix O, deren Elemente alle Null sind, heißt **Nullmatrix.** Eine Spalte $\mathbf{o}$, deren Elemente alle Null sind, heißt **Nullspalte,** $\mathbf{o}^T$ heißt **Nullzeile.**

Sind nur wenige Elemente einer Matrix von Null verschieden, so heißt die Matrix **dünn besetzt.**

2.2 Matrizenprodukte

Das **Produkt** $A \cdot B$ einer n,l-Matrix $A = [a_{i,j}]$ mit einer l,m-Matrix $B = [b_{j,k}]$ ist eine n,m-Matrix $C = [c_{i,k}]$ mit

$$c_{i,k} := \sum_{j=1}^{l} a_{i,j}\, b_{j,k}.$$

Anschaulich sieht das in Blöcken so aus:

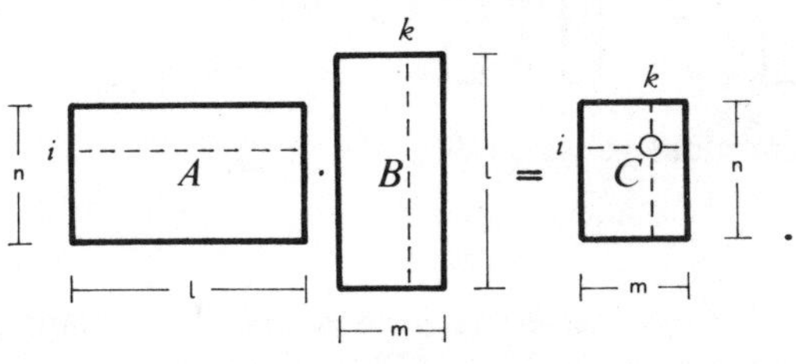

Das Element $c_{i,k}$ ist die Produktsumme der Elemente der Zeile i von A mit denen der Spalte k von B, kurz: Zeile i × Spalte k.

Eine quadratische Matrix A, für die

$$A^T A = E$$

ist, heißt **orthogonal** oder genauer **orthonormal.**

Beispiel 1: Im linearen Gleichungssystem (1) bilden die a_i der rechten Seite eine $n,1$-Matrix oder n-Spalte $\boldsymbol{a}$, ebenso können die x_k als $m,1$-Matrix $\boldsymbol{x}$ geschrieben werden. Damit hat (1) die sehr viel übersichtlichere Gestalt

$$A\boldsymbol{x} = \boldsymbol{a}$$

oder in Blockdarstellung

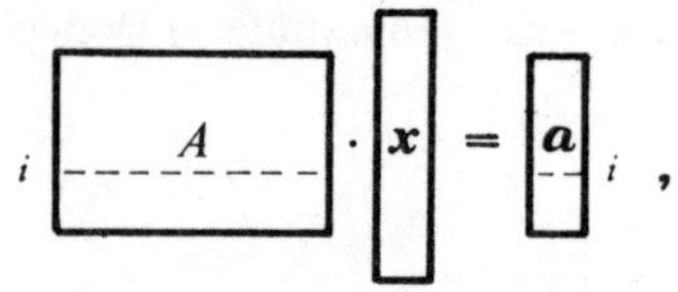

aus der die „Längen“ der Zeilen und Spalten sofort ablesbar sind.

Beispiel 2: Das Produkt zweier Linksdreiecksmatrizen ist wieder eine Linksdreiecksmatrix. Man ersieht das aus den Blöcken sofort:

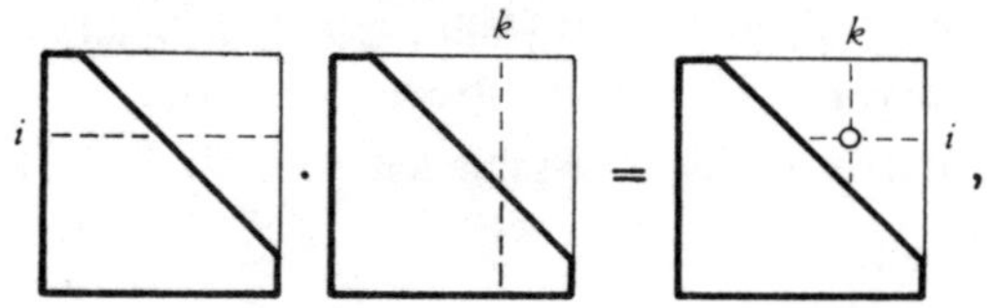

für $i < k$ verschwindet das Element i, k des Produkts.

Beispiel 3: Auch die Produktsumme zweier n-Spalten $\boldsymbol{x}$ und $\boldsymbol{y}$, einer n-Spalte $\boldsymbol{x}$ mit einem Skalar a usf., läßt sich als Matrixprodukt schreiben:

$$s = \boldsymbol{x}^T\boldsymbol{y} = \boldsymbol{y}^T\boldsymbol{x} \qquad \boldsymbol{z} = \boldsymbol{x}\,a$$

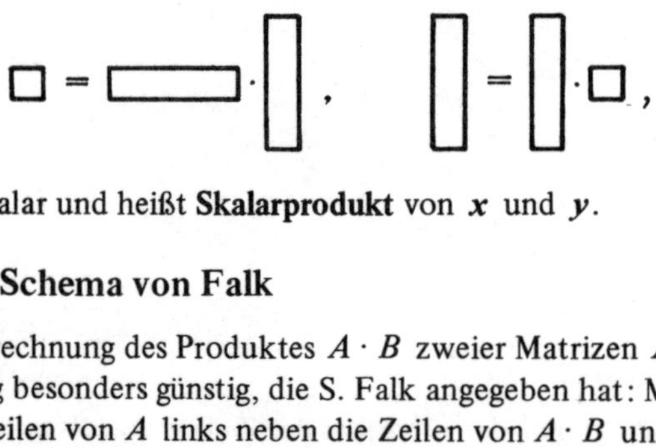

s ist ein Skalar und heißt **Skalarprodukt** von $\boldsymbol{x}$ und $\boldsymbol{y}$.

2.3 Das Schema von Falk

Für die Berechnung des Produktes $A \cdot B$ zweier Matrizen A und B von Hand ist eine Anordnung besonders günstig, die S. Falk angegeben hat: Man schreibt auf dem Rechenblatt die Zeilen von A links neben die Zeilen von $A \cdot B$ und die Spalten von B über die Spalten von $A \cdot B$:

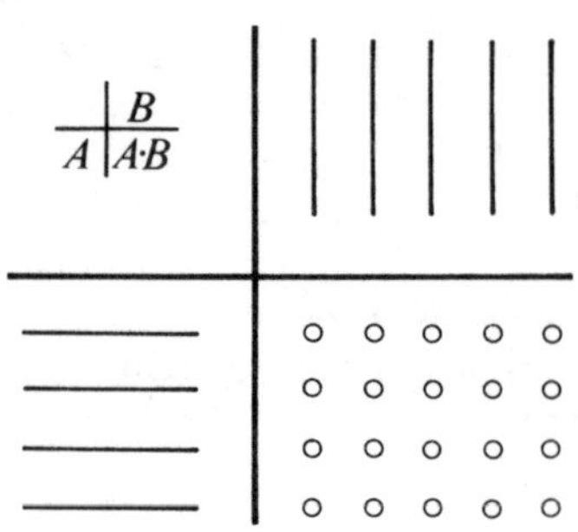

Das Element $c_{i,k}$ des Produktes $C = A \cdot B$ ist im Schema das Skalarprodukt der Zeile i von A mit der Spalte k von B.
Im freien Feld links (oben) notiert man sich, welche Matrizen miteinander multipliziert werden.

Beispiel 4:

	B	1	2	3	4
A	$A \cdot B$	2	1	0	1
1	2	5	4	3	6
2	1	4	5	6	9
0	3	6	3	0	3 .

Für $i = 2$ und $k = 3$ z.B. ist $2 \cdot 3 + 1 \cdot 0 = 6$.

Beispiel 5: Im Falkschema schreibt sich das lineare Gleichungssystem (1)

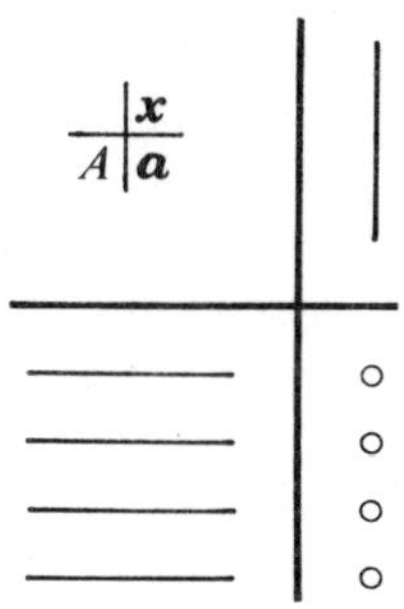

mit der unbekannten Spalte $\boldsymbol{x}$.

2.4 Rang und Determinante

Die m Spalten einer n, m-Matrix A heißen **linear unabhängig,** falls jede nichttriviale Linearkombination der Spalten ungleich der Nullspalte $\mathbf{o}$ ist, d.h. wenn gilt

$$A\boldsymbol{x} \neq \mathbf{o} \quad \text{für alle} \quad \boldsymbol{x} \neq \mathbf{o}.$$

Die maximale Anzahl linear unabhängiger Spalten von A heißt **Rang von A**, geschrieben: rang A, er ist gleich der maximalen Anzahl linear unabhängiger Zeilen von A.
Die **Determinante** einer quadratischen n, n-Matrix A wird mit $\det A$ bezeichnet. Ist $\operatorname{rang} A = n$, so ist $\det A \neq 0$ und umgekehrt; dann heißt A **regulär.** Zu jeder regulären Matrix A gibt es eine reguläre Matrix A^{-1}, für die gilt

$$A^{-1}A = AA^{-1} = E,$$

sie heißt **Inverse** von A und ist durch A eindeutig bestimmt.

2.5 Norm und Konvergenz

Eine Abbildung $\|\cdot\|$ der n,m-Matrizen (n,m fest) in die reellen Zahlen $\mathbb{R}$, die den folgenden drei Bedingungen

I. $\|A\| > 0$ für $A \neq O$ und
$\|A\| = 0$ nur für $A = O$,

II. $\|cA\| = |c|\,\|A\|$ für alle reellen c,

III. $\|A+B\| \leq \|A\| + \|B\|$

genügt und im Falle $m = n$ mit der Matrizenmultiplikation **verträglich** ist, d.h. für die dann auch

IV. $\|AB\| \leq \|A\|\,\|B\|$

gilt, heißt **Matrixnorm.** Die Norm ist eine Verallgemeinerung des Begriffs der Länge eines Vektors.

Beispiele für die Norm einer n, m-Matrix sind die

Frobeniusnorm $\|A\|_0 := \sqrt{\sum_{i=1}^{n} \sum_{k=1}^{m} a_{i,k}^2}$,

Spaltensummennorm $\|A\|_1 := \max_{k} \sum_{i=1}^{n} |a_{i,k}|$,

Spektralnorm $\|A\|_2 := \max_{x \neq o} \sqrt{\dfrac{x^T A^T A x}{x^T x}}$,

Zeilensummennorm $\|A\|_\infty := \max_{i} \sum_{k=1}^{m} |a_{i,k}|$.

Der Nachweis der Eigenschaften I bis IV erfolgt durch einfache Rechnung und soll hier unterbleiben.

Für den Fall einer n,1-Matrix $\boldsymbol{a}$ entfällt IV und die Norm heißt **Spaltennorm.** Die zu obigen Beispielen gehörigen Spaltennormen sind die

Summennorm $\|\boldsymbol{a}\|_1 = \sum_{i=1}^{n} |a_i|$,

euklidische Norm $\|\boldsymbol{a}\|_2 = \sqrt{\sum_{i=1}^{n} a_i^2}$,

Maximumnorm $\|\boldsymbol{a}\|_\infty = \max_{i} |a_i|$.

Eine Matrixnorm heißt mit einer Spaltennorm **verträglich**, falls für alle A und für alle $\boldsymbol{a}$ gilt

$$\|A\boldsymbol{a}\| \leq \|A\| \cdot \|\boldsymbol{a}\| .$$

Die oben angegebenen Paare von Normen (mit gleichem Index) sind verträglich.
Der **maximale Dehnungsfaktor**

$$\delta := \max_{\|\boldsymbol{x}\|=1} \|A\boldsymbol{x}\|$$

ist mit jeder Spaltennorm eine Norm von A. Beispiele dafür sind die Normen mit den Indizes 2 und ∞.

Eine Folge von n, m-Matrizen A_k heißt **konvergent** gegen einen Grenzwert A, falls die Folge reeller Zahlen

$$\|A_k - A\|$$

gegen Null konvergiert. Die Tatsache der Konvergenz ist unabhängig von der verwendeten Norm. Die A_k können auch Spalten $\boldsymbol{a}_k$ oder Skalare a_k sein.

2.6 Aufgaben und Ergänzungen

1. Die Inverse einer Linksdreiecksmatrix ist, falls sie existiert, eine Linksdreiecksmatrix.
2. Die Einheitsmatrix E und $-E$ sind die einzigen orthonormalen Dreiecksmatrizen.
3. Für zwei n-Spalten $\boldsymbol{x}$ und $\boldsymbol{y}$ gilt die Ungleichung

   $$|\boldsymbol{x}^T\boldsymbol{y}| \leq \sqrt{\boldsymbol{x}^T\boldsymbol{x} \cdot \boldsymbol{y}^T\boldsymbol{y}}$$

   (Cauchy-Schwarz).
4. Für reguläre quadratische Matrizen A heißt $\operatorname{cond} A := \|A\|_2 \, \|A^{-1}\|_2$ **Konditionszahl** von A. Es ist $\operatorname{cond} A = 1$ für orthonormale A und $\operatorname{cond} A > 1$ für alle anderen regulären A.
5. Für die relativen Fehler der Lösung $\boldsymbol{x}$ und der rechten Seite $\boldsymbol{a}$ eines linearen Gleichungssystems $A\boldsymbol{x} = \boldsymbol{a}$ gilt

   $$\frac{\|\Delta\boldsymbol{x}\|_2}{\|\boldsymbol{x}\|_2} \leq \operatorname{cond} A \, \frac{\|\Delta\boldsymbol{a}\|_2}{\|\boldsymbol{a}\|_2} .$$

II Lineare Gleichungen und Ungleichungen

Viele Probleme der Angewandten Mathematik führen auf Systeme linearer Gleichungen oder Ungleichungen. Man kann diese Systeme dadurch zu lösen versuchen, daß man eine Näherungslösung schrittweise verbessert, oder indem man das System so umformt, daß es direkt lösbar wird.

3 Der Algorithmus von Gauß

Die wohl verbreitetste Methode zur Lösung eines linearen Gleichungssystems durch Umformung ist der Algorithmus von **Gauß**.

3.1 Rückwärtseinsetzen

Im Normalfall ist die Matrix A eines linearen Gleichungssystems $A\boldsymbol{x} = \boldsymbol{a}$ quadratisch und die Determinante von A ist von Null verschieden. Dann gibt es genau eine Lösung $\boldsymbol{x}$, die sich in bestimmten Fällen sogar sofort angeben läßt. Ist zum Beispiel in dem linearen Gleichungssystem

$$R\boldsymbol{x} = \boldsymbol{b}$$

für die n-Spalte $\boldsymbol{x}$ die Matrix R eine rechte Dreiecksmatrix

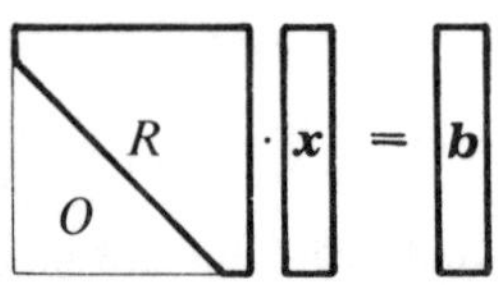

und ist $\det R = r_{1,1} \cdot r_{2,2} \cdot \ldots \cdot r_{n,n} \neq 0$, so kann man x_n aus der letzten Gleichung, damit x_{n-1} aus der vorletzten Gleichung und so fort bestimmen. Dieses Verfahren heißt **Rückwärtseinsetzen** und wird durch folgenden Algorithmus beschrieben:

Rückwärtseinsetzen

Gegeben: R n,n-Dreiecksmatrix, regulär; $\boldsymbol{b}$ n-Spalte
Gesucht: $\boldsymbol{x}$ n-Spalte mit $R\boldsymbol{x} = \boldsymbol{b}$

Für $k = n, n-1, \ldots, 1$
  bestimme $x_k := \frac{1}{r_{k,k}}(b_k - r_{k,k+1}x_{k+1} - \ldots - r_{k,n}x_n)$.

Für die Durchführung des Algorithmus von Hand benutzt man das Schema von Falk, man bestimmt aber nicht das Produkt $R\boldsymbol{x}$, sondern „rückwärts" $\boldsymbol{x}$ aus dem bekannten Ergebnis $R\boldsymbol{x} = \boldsymbol{b}$:

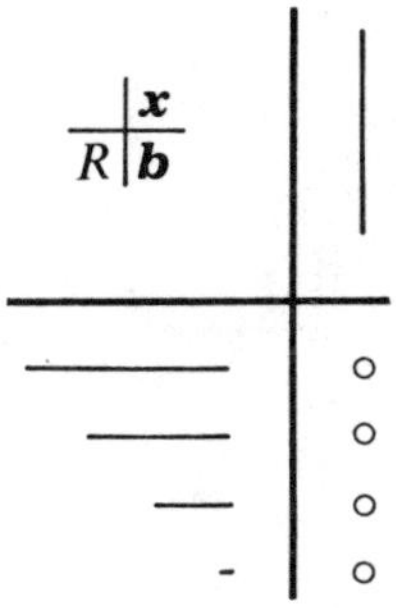

Beispiel 1: Mit R und $\boldsymbol{b}$ des Schemas

R | $\boldsymbol{b}$			$\boldsymbol{x}$
			1
			2
			3
2	2	0	6
	−1	1	1
		2	6

bestimmt man der Reihe nach $x_3 = 3$, $x_2 = 2$ und $x_1 = 1$.

Bemerkung 1: Ganz analog löst man ein lineares Gleichungssystem

$$L\boldsymbol{y} = \boldsymbol{c}$$

mit einer regulären linken Dreiecksmatrix L durch **Vorwärtseinsetzen.**

3.2 Der Algorithmus von Gauß

Die Lösung eines linearen Gleichungssystems $A\boldsymbol{x} = \boldsymbol{a}$ ändert sich u.a. nicht, wenn man

1. ein Vielfaches einer Gleichung zu einer anderen addiert,
2. zwei Gleichungen miteinander vertauscht.

Auf Gauß geht die Idee zurück, mit diesen Umformungen ein lineares Gleichungssystem $A\boldsymbol{x} = \boldsymbol{a}$ in ein **äquivalentes** System $R\boldsymbol{x} = \boldsymbol{b}$ zu überführen, das dieselbe Lösung besitzt und sich durch Rückwärtseinsetzen lösen läßt. Das systematische Vorgehen ist einfach: Man addiert nach der Regel 1 geeignete Vielfache der ersten Zeile zu den nachfolgenden Zeilen, so daß in diesen Zeilen die Koeffizienten von x_1 verschwinden, sodann addiert man geeignete Vielfache der neuen zweiten Zeile zu den nachfolgenden Zeilen, so daß in diesen Zeilen die Koeffizienten auch von x_2 verschwinden usf.

Dabei ist es zweckmäßig, nicht das lineare Gleichungssystem aufzuschreiben, sondern nur die Matrix A und die Spalte $\boldsymbol{a}$, die beide zu einer Matrix $[A, \boldsymbol{a}]$ zusammengefaßt werden. Die Umformungen werden durch folgenden Algorithmus beschrieben:

Gauß

Gegeben: $[A, \boldsymbol{a}]$ $n, n+1$-Matrix, A regulär

Gesucht: $[A, \boldsymbol{a}] := [R, \boldsymbol{b}]$ mit rechter Dreiecksmatrix R

1 Für $j = 1, 2, \ldots, n-1$

2 und falls $a_{j,j} \neq 0$ ist,

3 für $i = j+1, j+2, \ldots, n$

4 subtrahiere in $[A, \boldsymbol{a}]$ Zeile j mit Faktor $\dfrac{a_{i,j}}{a_{j,j}}$ von Zeile i.

Der Einfachheit halber werden auch die Zwischenwerte der Koeffizienten mit $a_{i,k}$ bezeichnet und über die alten Werte geschrieben. Daher steht zum Schluß $[R, \boldsymbol{b}]$ anstelle von $[A, \boldsymbol{a}]$.

3.3 Pivotsuche

Der Algorithmus **Gauß** versagt, falls ein $a_{j,j}$ im Laufe der Rechnung verschwindet. In diesem Fall führt man eine sogenannte **Pivotsuche** durch:

Zum Beginn des Schrittes j wird die Zeile j mit derjenigen Zeile $r \geq j$ vertauscht, die den betragsmäßig größten Koeffizienten von x_j besitzt. Dieser Koeffizient ist ungleich Null, da sonst die Zeilen von A linear abhängig wären, was $\det A \neq 0$ widerspricht. Das Element $a_{r,j}$ heißt **Pivot**, der Anweisungsteil des zugehörigen Algorithmus lautet:

Pivotsuche

Suche $a_{r,j}$ mit $|a_{r,j}| = \max\limits_{i \geqslant j} |a_{i,j}|$,

tausche Zeile r mit Zeile j.

Auch hier wird nach dem Tausch die getauschte Zeile wieder mit j bezeichnet.

Um die numerische Stabilität des Algorithmus **Gauß** sicherzustellen, ist auch im Fall $a_{j,j} \neq 0$ die Pivotsuche durchzuführen. Im Algorithmus **Gauß** ist daher die Zeile 2 „falls $a_{j,j} \neq 0$" zu ersetzen durch

2 führe **Pivotsuche** durch.

Beispiel 2: Die Matrix $[A, \boldsymbol{a}]$ des linearen Gleichungssystems

$$\begin{bmatrix} 2 & 2 & 0 \\ 1 & 1 & 2 \\ 2 & 1 & 1 \end{bmatrix} \begin{bmatrix} x_1 \\ x_2 \\ x_3 \end{bmatrix} = \begin{bmatrix} 6 \\ 9 \\ 7 \end{bmatrix}$$

wird durch den Algorithmus **Gauß** mit **Pivotsuche** schrittweise überführt in

$$\left[\begin{array}{ccc:c} 2 & 2 & 0 & 6 \\ 1 & 1 & 2 & 9 \\ 2 & 1 & 1 & 7 \end{array}\right] \xrightarrow{j=1} \left[\begin{array}{ccc:c} 2 & 2 & 0 & 6 \\ 0 & 0 & 2 & 6 \\ 0 & -1 & 1 & 1 \end{array}\right] \xrightarrow{r=3} \left[\begin{array}{ccc:c} 2 & 2 & 0 & 6 \\ 0 & -1 & 1 & 1 \\ 0 & 0 & 2 & 6 \end{array}\right].$$

Der letzte Schritt $j = 2$ entfällt, da $a_{3,2}$ bereits verschwindet. Das lineare Gleichungssystem

$$\begin{bmatrix} 2 & 2 & 0 \\ 0 & -1 & 1 \\ 0 & 0 & 2 \end{bmatrix} \begin{bmatrix} x_1 \\ x_2 \\ x_3 \end{bmatrix} = \begin{bmatrix} 6 \\ 1 \\ 6 \end{bmatrix}$$

wurde durch Rückwärtseinsetzen im Beispiel *1* gelöst.

3.4 Aufgaben und Ergänzungen

1. Die Suche nach einem Pivot $a_{r,s}$ mit

$$|a_{r,s}| = \max_{i,k \geqslant j} |a_{i,k}|$$

beim Verfahren von Gauß nennt man **totale Pivotsuche,** sie ist neben der Vertauschung der Zeilen r und j mit einer Vertauschung der Spalten s und j und der Vertauschung von x_s mit x_j verbunden. Sie liefert die numerisch stabilste Form des Algorithmus **Gauß.**

2. Der Algorithmus **Gauß** läßt sich straffen, indem man die Anweisung **4** auf die Elemente der Spalten $k > j$ beschränkt und eine Anweisung

5	Setze $a_{i,j} := 0$.

anfügt.

4 Die LR-Zerlegung

Die einzelnen Operationen des Gauß-Algorithmus lassen auch andere Organisationen zu. Eine davon ist der sogenannte konzentrierte Gauß-Algorithmus, der sich an das Schema von Falk anlehnt.

4.1 Die LR-Zerlegung von A

Man kann die Matrix $[A, \boldsymbol{a}]$ leicht aus der Matrix $[R, \boldsymbol{b}]$ zurückgewinnen: Die Zeile i von $[A, \boldsymbol{a}]$ ist offenbar eine Linearkombination der i ersten Zeilen von $[R, \boldsymbol{b}]$, d.h. es ist

$$LR = PA, \quad L\boldsymbol{b} = P\boldsymbol{a}.$$

Diese Darstellung von PA heißt LR-Zerlegung von PA. Dabei ist L Linksdreiecksmatrix mit $l_{i,i} = 1$ und P die Matrix, die die Zeilenvertauschungen bewirkt, sie geht aus E durch die Zeilenvertauschungen hervor.

L und R lassen sich wie beim Vorwärts- und Rückwärtseinsetzen direkt im Schema von Falk bestimmen. Der Einfachheit halber sei zunächst $P = E$, also $LR = A$.

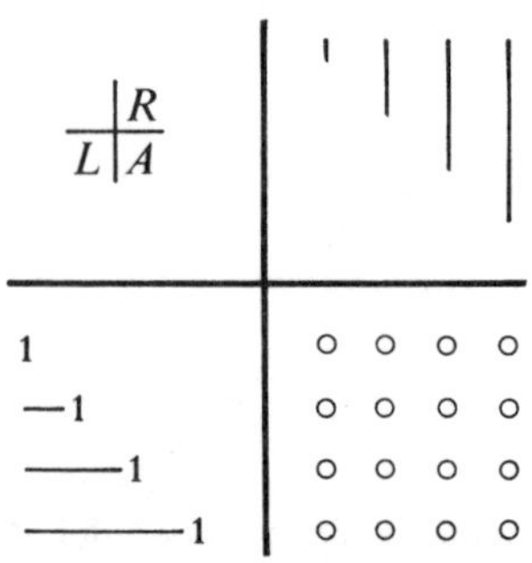

In geeigneter Reihenfolge wird aus der Produktsumme

$$\text{Zeile } i \text{ von } L \times \text{Spalte } k \text{ von } R = a_{i,k}$$

ein noch unbekanntes $l_{i,j}$ oder $r_{j,k}$ bestimmt. Man kann dazu spaltenweise (Banachiewicz), zeilenweise (Gauß) oder abwechselnd zeilen- und spaltenweise (Crout) vorgehen. Beim spaltenweisen Vorgehen bestimmt man zunächst die erste Spalte von R, dann die erste Spalte von L (ohne $l_{1,1} = 1$), dann die zweite Spalte von R und die zweite von L usf., wie in der Figur links angedeutet.

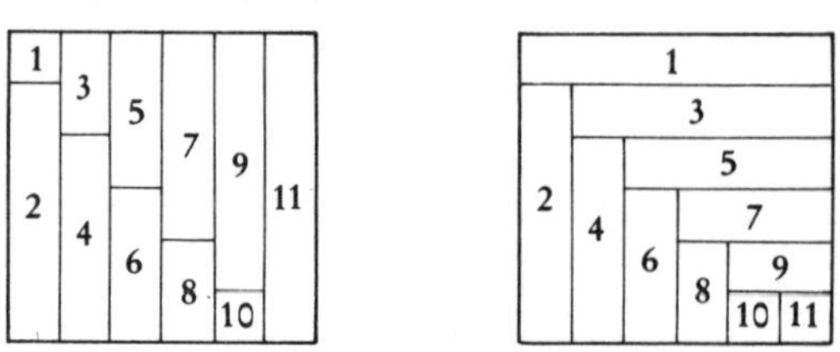

Bild 4.1
Parkettierungen nach Banachiewicz und Crout

Diese **Parkettierung** nach Banachiewicz führt im Schema von Falk auf den Algorithmus:

LR-Zerlegung

Gegeben: A n,n-Matrix, regulär

Gesucht: L, R mit $A = LR$, $l_{i,i} = 1$

Für $k = 1, 2, \ldots, n$

  für $i = 1, 2, \ldots, k$

    bestimme $r_{i,k} := a_{i,k} - \sum_{j=1}^{i-1} l_{i,j} r_{j,k}$,

  falls $r_{k,k} \neq 0$

  für $i = k+1, k+2, \ldots, n$

    bestimme $l_{i,k} := \frac{1}{r_{k,k}} \left(a_{i,k} - \sum_{j=1}^{k-1} l_{i,j} r_{j,k} \right)$.

Setze $r_{i,k} := l_{k,i} := 0$, $i > k$; $l_{i,i} := 1$.

Man achte besonders auf den Lauf des Summationsindex j. A wird zunächst nicht überschrieben.

4.2 LR-Zerlegung mit Pivotsuche

Der Algorithmus **LR-Zerlegung** versagt, wenn ein $r_{k,k}$ verschwindet; dann hat A keine LR-Zerlegung, wohl aber PA, man muß geeignete Zeilen vertauschen. Die Suche des Pivots aber ist etwas umständlich, die möglichen Pivots $r_{i,k}$, $i = k, k+1, \ldots, n$, müssen nämlich erst bestimmt werden, dagegen vereinfacht sich dann (nach dem Zeilentausch) die Bestimmung der $l_{i,k}$, da die $r_{i,k}$ nur noch durch $r_{k,k}$ zu dividieren sind. Man erhält so die Variante der LR-Zerlegung:

LR-Zerlegung mit Pivotsuche

Gegeben: A n,n-Matrix, regulär

Gesucht: L, R mit $LR = PA$ (P Permutationsmatrix)

Für $k = 1, 2, \ldots, n$

  für $i = 1, 2, \ldots, k-1$

    bestimme $r_{i,k} := a_{i,k} - \sum_{j=1}^{i-1} l_{i,j} r_{j,k}$.

LR-Pivotsuche

4 Für $i = k, k+1, \dots, n$

5 bestimme $r_{i,k} := a_{i,k} - \sum_{j=1}^{k-1} l_{i,j} r_{j,k}$,

6 suche $r_{s,k}$ mit $|r_{s,k}| = \max_{i \geq k} |r_{i,k}|$,

7 tausche Zeile s mit Zeile k in L, R und A[1]).

8 Für $i = k+1, k+2, \dots, n$

9 bestimme $l_{i,k} := \frac{r_{i,k}}{r_{k,k}}$.

10 Setze $r_{i,k} := l_{k,i} := 0$, $i > k$, und $l_{i,i} := 1$.

Man achte auch hier auf den Lauf des Summationsindex j.

Bemerkung 1: Um die numerische Stabilität des Verfahrens sicherzustellen, ist wie beim Algorithmus **Gauß** auch im Falle $r_{k,k} \neq 0$ die Pivotsuche durchzuführen. Dadurch wird das Wachstum der in Zeile 9 bestimmten $l_{i,k}$ begrenzt.

4.3 Lineare Gleichungssysteme

Mit der LR-Zerlegung $LR = PA$ von A läßt sich $A\boldsymbol{x} = \boldsymbol{a}$ in das äquivalente System $R\boldsymbol{x} = \boldsymbol{b}$ überführen, dabei ist $L\boldsymbol{b} = P\boldsymbol{a}$. Man findet $P\boldsymbol{a}$ beiläufig, indem man A wie bei **Gauß** mit $\boldsymbol{a}$ rändert und denselben Zeilenvertauschungen unterwirft, wie L und A. Damit tritt $P\boldsymbol{a}$ an die Stelle von $\boldsymbol{a}$. Dann löst man $L\boldsymbol{b} = \boldsymbol{a}$ durch Vorwärtseinsetzen:

LR-Vorwärtseinsetzen

11 Für $i = 1, 2, \dots, n$

12 bestimme $b_i := a_i - \sum_{j=1}^{i-1} l_{i,j} b_j$.

$R\boldsymbol{x} = \boldsymbol{b}$ löst man wie nach dem Algorithmus **Gauß** durch den Algorithmus **Rückwärtseinsetzen.**

[1]) Bei Hinzufügen einer Spalte $\boldsymbol{a}$ auch in $\boldsymbol{a}$.

Beispiel 3: Die LR-Zerlegung mit Vorwärtseinsetzen für das lineare Gleichungssystem des Beispiels *2* hat vor und nach dem Schritt $k = 2$ die Schemata

Schema: $\begin{array}{c|c} & R \mid b \\ \hline L & A \mid a \end{array}$

Vor dem Schritt:

			2	2	*	*
				0	*	*
					*	*
1			2	2	0	6
0.5	1		1	1	2	9
1	*	1	2	1	1	7

$\xrightarrow{k=2}$

			2	2	0	6
				−1	1	1
					2	6
1			2	2	0	6
1	1		2	1	1	7
0.5	0	1	1	1	2	9

Die vor dem Schritt $k = 2$ noch nicht bestimmten Werte sind durch $*$ angedeutet.

4.4 Aufgaben und Ergänzungen

1. Zu einer quadratischen Matrix A existiert genau eine LR-Zerlegung (ohne Zeilenvertauschungen), falls keine der Hauptunterdeterminanten

$$\det \begin{bmatrix} a_{1,1} & \cdots & a_{1,k} \\ \vdots & & \vdots \\ a_{k,1} & \cdots & a_{k,k} \end{bmatrix} \; ; \; k = 1, \ldots, n$$

   verschwindet.

2. Falls die LR-Zerlegung von A (ohne Zeilenvertauschungen) existiert, ist sie eindeutig bestimmt.

3. Bei der LR-Zerlegung von A mit und ohne Pivotsuche lassen sich die berechneten $r_{i,k}$ und $l_{i,k}$ (ohne die $l_{i,i} = 1$) wie beim Algorithmus **Gauß** platzsparend über die $a_{i,k}$ der Matrix A schreiben, dann wird $A := R + L - E$.

5 Das Austauschverfahren

Für die direkte Bestimmung der Lösung eines linearen Gleichungssystems ist neben der LR-Zerlegung noch eine dritte Form des Gauß-Algorithmus interessant, die auch bei der Lösung linearer Programme in **10** verwendet wird.

5.1 Variablentausch

Anstelle eines linearen Gleichungssystems betrachtet man die lineare Beziehung $y = Ax$ mit einer n,m-Matrix A, ausgeschrieben:

$$\begin{aligned} y_1 &= a_{1,1}x_1 + \dots + a_{1,3}x_3 + \dots + a_{1,m}x_m \\ y_2 &= a_{2,1}x_1 + \dots + a_{2,3}x_3 + \dots + a_{2,m}x_m \\ &\vdots \\ y_n &= a_{n,1}x_1 + \dots + a_{n,3}x_3 + \dots + a_{n,m}x_m \quad . \end{aligned}$$

Im Falle, daß z.B. $a_{2,3}$ von Null verschieden ist, kann man x_3 aus der Gleichung für y_2 ausrechnen:

$$(1) \qquad x_3 = -\frac{a_{2,1}}{a_{2,3}}x_1 - \dots + \frac{1}{a_{2,3}}y_2 - \dots - \frac{a_{2,m}}{a_{2,3}}x_m$$

und in die übrigen Gleichungen einsetzen. Das ergibt z.B. für die erste Gleichung

$$\begin{aligned} y_1 = \quad & a_{1,1}x_1 + \dots + \; 0 \cdot x_3 + \dots + \quad a_{1,m}x_m \\ & -\frac{a_{1,3}}{a_{2,3}}a_{2,1}x_1 - \dots + \frac{a_{1,3}}{a_{2,3}}y_2 - \dots - \frac{a_{1,3}}{a_{2,3}}a_{2,m}x_m . \end{aligned}$$

Analoge Gleichungen gelten für die übrigen y_i mit Ausnahme der Gleichung für y_2, die durch (1) ersetzt wird.

Damit sind die Variablen y_2 und x_3 ausgetauscht, und die lineare Beziehung $y = Ax$ schreibt sich

$$y' = A'x',$$

wobei

$$y' = \begin{bmatrix} y_1 \\ x_3 \\ y_3 \\ \vdots \\ y_n \end{bmatrix}, \qquad x' = \begin{bmatrix} x_1 \\ x_2 \\ y_2 \\ x_4 \\ \vdots \\ x_m \end{bmatrix}$$

ist. A' ist die Matrix der neuen Koeffizienten.

5.2 Schema und Algorithmus

Die Berechnung der neuen Koeffizienten erfolgt am besten im rechteckigen Schema der $a_{i,k}$, links werden die y_i angeschrieben, oben die x_k:

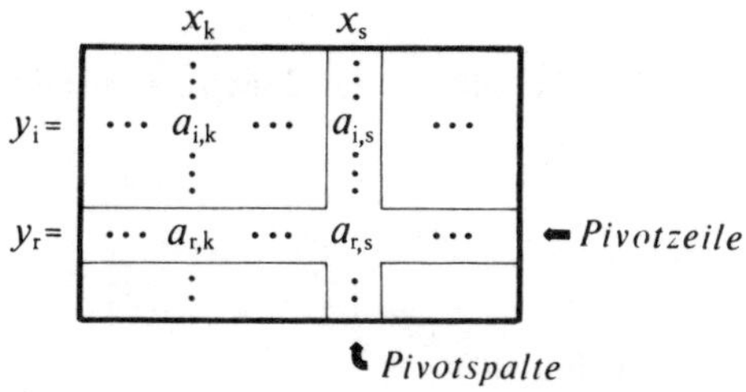

Ist $a_{r,s} \neq 0$, so können y_r und x_s ausgetauscht werden, das Element $a_{r,s}$ heißt dann **Pivot**, die Spalte s **Pivotspalte** und die Zeile r **Pivotzeile.** Das Austauschen geschieht wie im obigen Beispiel. In allgemeiner Form lautet der Algorithmus für den Austausch von y_r und x_s:

Austausch r,s

Gegeben: A n,m-Matrix, $a_{r,s} \neq 0$

Gesucht: A nach Variablentausch y_r gegen x_s

Allgemein:

Für $i = 1, 2, \ldots, n,$ aber $i \neq r,$

 für $k = 1, 2, \ldots, m,$ aber $k \neq s,$

 bestimme $a_{i,k} := a_{i,k} - \dfrac{a_{i,s}\,a_{r,k}}{a_{r,s}}$.

Pivotzeile:

Für $k = 1, 2, \ldots, m,$ aber $k \neq s,$

 bestimme $a_{r,k} := -\dfrac{a_{r,k}}{a_{r,s}}$.

Pivotspalte:

Für $i = 1, 2, \ldots, n,$ aber $i \neq r,$

 bestimme $a_{i,s} := \dfrac{a_{i,s}}{a_{r,s}}$.

Pivot:

Setze $a_{r,s} := \dfrac{1}{a_{r,s}}$.

A wird durch die neue Matrix überschrieben, das Indexpaar r,s muß gemerkt werden.

Bemerkung 1: Die Durchführung von Hand wird übersichtlicher, wenn man die Regel der Zeile 3 als **Rechteckregel**

$$a_{i,k} := \frac{1}{a_{r,s}} \begin{vmatrix} a_{i,k} & a_{i,s} \\ a_{r,k} & a_{r,s} \end{vmatrix}$$

schreibt, die benötigten Koeffizienten stehen im Schnitt der Zeilen i, r mit den Spalten k, s.

Beispiel 1: Für $r = 1,\ s = 1$ wird

	x_1	x_2	x_3
$y_1 =$	$\underline{2}$	2	0
$y_2 =$	1	1	2
$y_3 =$	2	1	1

überführt in

	y_1	x_2	x_3
$x_1 =$	0.5	−1	0
$y_2 =$	0.5	0	2
$y_3 =$	1	−1	1

.

Der Pivot ist hervorgehoben.

5.3 Inversion

Im Falle einer quadratischen, regulären Matrix A führt das Austauschverfahren aller y_i gegen alle x_k nach n Austauschschritten auf die zu $y = Ax$ inverse lineare Abbildung und, falls die Pivots in der Diagonalen gewählt werden können, damit auf die zu A inverse Matrix A^{-1}.

Um die numerische Stabilität sicherzustellen, muß jedoch auch hier pivotiert werden. Geht man dabei nur spaltenweise vor, so ist damit i.a. eine Vertauschung nicht nur der y_i sondern auch der x_k untereinander verbunden, die nachträglich rückgängig gemacht werden muß. Daher ist eine **totale Pivotsuche** in den unausgetauschten Zeilen und Spalten nur wenig aufwendiger.

Um die Indexzählung zu vereinfachen, sollte vor jedem Austauschschritt der Pivot in die Diagonale getauscht werden. Damit lautet der Algorithmus:

Inversion mit totaler Pivotsuche

Gegeben: A n,n-Matrix, regulär

Gesucht: $A := A^{-1}$ invers zu A

1 Für $j = 1, 2, \ldots, n$

2 suche **Pivot**

3 Suche $a_{r,s}$ mit $|a_{r,s}| = \max\limits_{i,k \geqslant j} |a_{i,k}|$,

4 tausche in A die Zeilen j und r und die Spalten j und s

5	mache **Austausch** j,j .
6	Ordne Zeilen und Spalten natürlich.

Bemerkung 2: In der Praxis wird man das Tauschen von Zeilen und Spalten nicht ausführen, sondern durch eine Indextransformation ersetzen.

Beispiel 2: Die Matrix des Beispiels 1 wird durch den Algorithmus **Inversion** schrittweise überführt in

$$\begin{array}{r|ccc|} & y_1 & x_3 & x_2 \\ \hline x_1 = & 0.5 & 0 & -1 \\ y_2 = & 0.5 & \underline{2} & 0 \\ y_3 = & 1 & 1 & -1 \\ \hline \end{array}\;,\quad \begin{array}{r|ccc|} & y_1 & y_2 & x_2 \\ \hline x_1 = & 0.5 & 0 & -1 \\ x_3 = & -0.25 & 0.5 & 0 \\ y_3 = & 0.75 & 0.5 & \underline{-1} \\ \hline \end{array}\;,\quad \begin{array}{r|ccc|} & y_1 & y_2 & y_3 \\ \hline x_1 = & -0.25 & -0.5 & 1 \\ x_3 = & -0.25 & 0.5 & 0 \\ x_2 = & 0.75 & 0.5 & -1 \\ \hline \end{array}\;.$$

Die Pivots sind hervorgehoben. Nach dem Ordnen erhält man

$$\begin{bmatrix} 2 & 2 & 0 \\ 1 & 1 & 2 \\ 2 & 1 & 1 \end{bmatrix}^{-1} = \begin{bmatrix} -0.25 & -0.5 & 1 \\ 0.75 & 0.5 & -1 \\ -0.25 & 0.5 & 0 \end{bmatrix}.$$

5.4 Lineare Gleichungen

Es liegt nahe, das Austauschverfahren auch zur Lösung eines linearen Gleichungssystems $\boldsymbol{Ax} + \boldsymbol{a} = \mathbf{o}$ [1] zu verwenden. Man setzt $\boldsymbol{y} = \boldsymbol{Ax} + \boldsymbol{a} \cdot 1 = \mathbf{o}$, d.h. man ergänzt das Schema 5.1 einfach durch die Spalte $\boldsymbol{a}$:

$$\begin{array}{r|ccccc|c|} & & x_k & & x_s & & 1 \\ \hline & & \vdots & & \vdots & & \vdots \\ y_i = & \cdots & a_{i,k} & \cdots & a_{i,s} & \cdots & a_i \\ & & \vdots & & \vdots & & \vdots \\ y_r = & \cdots & a_{r,k} & \cdots & a_{r,s} & \cdots & a_r \\ & & \vdots & & \vdots & & \vdots \\ \hline \end{array}$$

Die Lösung des linearen Gleichungssystems wird dann von $\boldsymbol{x}$ für $\boldsymbol{y} = \mathbf{o}$ angenommen. Tauscht man daher alle y_i gegen alle x_k aus, so steht die Lösung wegen $\boldsymbol{y} = \mathbf{o}$ in der mit 1 überschriebenen Spalte. Da die y_i Null gesetzt werden, brauchen die Pivotspalten nicht bestimmt zu werden.

Auch hier kann auf eine Pivotsuche nicht verzichtet werden. Beschränkt man sie aber auf die Spalten, so wird durch einen Tausch des Pivots in die Diagonale das nachträgliche Ordnen der Zeilen vermieden. Damit lautet der Algorithmus:

---

1) Man beachte die von $\boldsymbol{A x} = \boldsymbol{a}$ abweichende Schreibweise.

Gauß mit Austausch

Gegeben: $[A, a]$, A n,n-Matrix, regulär; a n-Spalte

Gesucht: $[A, a] := [*, x]$ mit $Ax + a = o$

Für $j = 1, 2, \dots, n$

  suche **Spaltenpivot**

    Suche $a_{r,j}$ mit $|a_{r,j}| = \max\limits_{i \geqslant j} |a_{i,j}|$,

    tausche in $[A, a]$ die Zeilen j und r.

  Für $k = j + 1, j + 2, \dots, n + 1$

    für $i = 1, 2, \dots, n$, aber $i \neq j$,

      setze $a_{i,k} := a_{i,k} - \dfrac{a_{i,j}\, a_{j,k}}{a_{j,j}}$,

    setze $a_{j,k} := -\dfrac{a_{j,k}}{a_{j,j}}$

Der Einfachheit halber wird die Spalte a mit a_{n+1} bezeichnet. Die Elemente $*$ werden nicht bestimmt.

Beispiel 3: Für das Beispiel *2* zum Algorithmus **Gauß** in **3.3** lauten die Schemata nacheinander:

$$\begin{array}{r|ccc|c|} & x_1 & x_2 & x_3 & 1 \\ \hline y_1 = & \underline{2} & 2 & 0 & -6 \\ y_2 = & 1 & 1 & 2 & -9 \\ y_3 = & 2 & 1 & 1 & -7 \\ \hline \end{array} \quad \xrightarrow{j=1} \quad \begin{array}{r|ccc|c|} & 0 & x_2 & x_3 & 1 \\ \hline x_1 = & * & -1 & 0 & 3 \\ y_2 = & * & 0 & 2 & -6 \\ y_3 = & * & \underline{-1} & 1 & -1 \\ \hline \end{array} \quad \Big) r = 3$$

$$\begin{array}{r|ccc|c|} & 0 & x_2 & x_3 & 1 \\ \hline x_1 = & * & -1 & 0 & 3 \\ y_3 = & * & \underline{-1} & 1 & -1 \\ y_2 = & * & 0 & 2 & -6 \\ \hline \end{array} \quad \xrightarrow{j=2} \quad \begin{array}{r|ccc|c|} & 0 & 0 & x_3 & 1 \\ \hline x_1 = & * & * & -1 & 4 \\ x_2 = & * & * & 1 & -1 \\ y_2 = & * & * & \underline{2} & -6 \\ \hline \end{array} \quad \xrightarrow{j=3}$$

$$\begin{array}{r|ccc|c|} & 0 & 0 & 0 & 1 \\ \hline x_1 = & * & * & * & 1 \\ x_2 = & * & * & * & 2 \\ x_3 = & * & * & * & 3 \\ \hline \end{array} \, . \qquad \text{Es ist } x = \begin{bmatrix} 1 \\ 2 \\ 3 \end{bmatrix} .$$

Die Pivots sind hervorgehoben.

5.5 Aufgaben und Ergänzungen

1. Ist A regulär, so gibt es immer einen von Null verschiedenen Spaltenpivot.
2. Die in den Schritten j aktuellen Untermatrizen

$$\left[\begin{array}{ccc|c} a_{j,j} & \dots & a_{j,n} & a_j \\ \vdots & & \vdots & \vdots \\ a_{n,j} & \dots & a_{n,n} & a_n \end{array}\right]$$

der Matrix $[A, \boldsymbol{a}]$ stimmen in den Algorithmen **Gauß** und **Gauß mit Austausch** nicht nur in den Beispielen überein, warum?

6 Die Cholesky-Zerlegung

Bei vielen Anwendungen ist die Matrix eines linearen Gleichungssystems $A\boldsymbol{x} = \boldsymbol{a}$ symmetrisch. Gaußalgorithmus, LR-Zerlegung und Austauschverfahren aber zerstören die Symmetrie. Man kann jedoch diese Verfahren so modifizieren, daß sie die Symmetrie erhalten und sogar ausnutzen.

6.1 Symmetrische Zerlegung

Eine symmetrische Matrix A mit $\boldsymbol{x}^T A \boldsymbol{x} > 0$ für alle $\boldsymbol{x} \neq \boldsymbol{o}$ heißt **positiv definit**. Es liegt nahe, für die LR-Zerlegung einer symmetrischen, positiv definiten Matrix A den Ansatz

$$A = C^T C$$

mit einer rechten Dreiecksmatrix C zu versuchen und ähnlich wie bei der LR-Zerlegung die Elemente von C im Schema von Falk zu bestimmen:

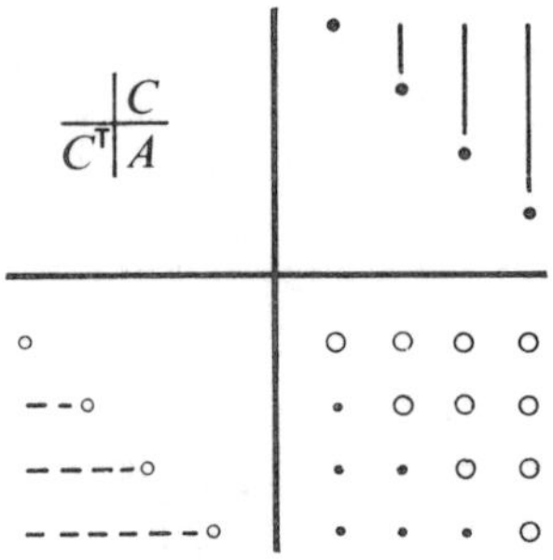

Nutzt man die Symmetrie aus, brauchen die Elemente von C^T und die von A, die unter der Hauptdiagonalen liegen, nicht mit angeführt zu werden. Nacheinander bestimmt man die $c_{i,k}$ für $i \leq k$ aus

$$\text{Spalte } i \text{ von } C \times \text{Spalte } k \text{ von } C = a_{i,k}.$$

Für $i = k$ erhält man nur $c_{k,k}^2$ und muß die Wurzel ziehen. In **6.2** wird gezeigt, daß $c_{k,k}^2 > 0$ ist, falls A positiv definit ist.

Wird A spaltenweise bis zur Hauptdiagonalen abgearbeitet, führt das auf den Algorithmus:

Cholesky

Gegeben: A n,n-Matrix, symmetrisch, positiv definit

Gesucht: C rechte Dreiecksmatrix mit $C^T C = A$

```
1  Für k = 1, 2, ... , n
2          für i = 1, 2, ... , k − 1 ¹)
3                  bestimme c_{i,k} := 1/c_{i,i} ( a_{i,k} − Σ_{j=1}^{i-1} c_{j,i} c_{j,k} ).
4          Bestimme c_{k,k} := +√( a_{k,k} − Σ_{j=1}^{k-1} c_{j,k}² ).
5          Für i = k + 1, k + 2, ... , n
6                  setze c_{i,k} := 0.
```

1. Für $k = 1, 2, \ldots, n$
2. für $i = 1, 2, \ldots, k-1$ [1]
3. bestimme $c_{i,k} := \frac{1}{c_{i,i}} \left(a_{i,k} - \sum_{j=1}^{i-1} c_{j,i}\, c_{j,k} \right)$.
4. Bestimme $c_{k,k} := +\sqrt{a_{k,k} - \sum_{j=1}^{k-1} c_{j,k}^2}$.
5. Für $i = k+1, k+2, \ldots, n$
6. setze $c_{i,k} := 0$.

Eine Pivotsuche ist unnötig. Die Cholesky-Zerlegung einer positiv definiten Matrix ist immer gutartig.

---

[1] Für $k = 1$ sind die Anweisungen **2** und **3** leer.

Bemerkung 1: Durch das Ausnutzen der Symmetrie wird der Rechenaufwand gegenüber der LR-Zerlegung etwa halbiert, allerdings kommt das Ziehen von n Wurzeln hinzu.

6.2 Existenz und Eindeutigkeit

Der Algorithmus **Cholesky** würde versagen, falls ein $c_{k,k}^2 \leq 0$ ist. Es gilt jedoch

Satz 1: Ist $A = A^T$ positiv definit, so sind alle $c_{k,k}^2 > 0$. Zieht man die Wurzeln positiv, so ist die Cholesky-Zerlegung eindeutig.

Zum Beweis nehme man an, der Algorithmus versage erstmalig wegen $c_{j,j}^2 \leq 0$. Dann kann man leicht ein $\boldsymbol{y} \neq \mathbf{o}$ angeben, für das $\boldsymbol{y}^T A \boldsymbol{y} = c_{j,j}^2 \leq 0$ ist, nämlich die Lösung $\boldsymbol{y}$ des linearen Gleichungssystems

$$R\boldsymbol{y} = \boldsymbol{b},$$

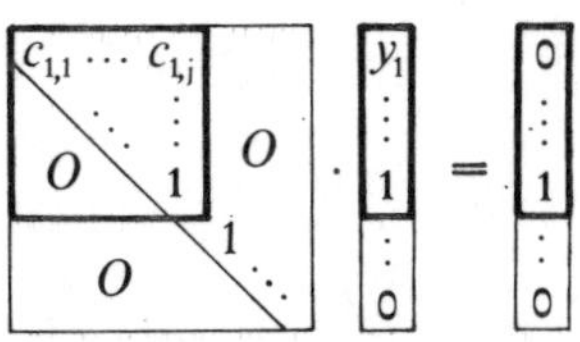

wobei $r_{i,k} := c_{i,k}$ für $i < j$ und $i \leq k \leq j$, $r_{k,k} := 1$ für $k \geq j$, $b_j := 1$

und alle übrigen $r_{i,k} = b_i = 0$ gesetzt sind. Damit wird $y_j = 1$ und

$$\boldsymbol{y}^T A \boldsymbol{y} = \boldsymbol{y}^T R^T R \boldsymbol{y} - 1 + c_{j,j}^2 = \boldsymbol{b}^T \boldsymbol{b} - 1 + c_{j,j}^2 = c_{j,j}^2 \leq 0,$$

was der Voraussetzung, daß A positiv definit ist, widerspricht.
Gäbe es eine zweite Zerlegung $B^T B = A = C^T C$ mit positiven Diagonalgliedern $b_{k,k}$, so wäre

$$E = [B^T]^{-1} C^T C B^{-1} = [CB^{-1}]^T \, [CB^{-1}]$$

eine von $E = EE$ verschiedene Choleskyzerlegung der Einheitsmatrix. Für die aber ist die Zerlegung $E = EE$ eindeutig. So folgt, daß $C = B$ ist.

6.3 Symmetrische lineare Gleichungssysteme

Zu einem symmetrischen linearen Gleichungssystem $A\boldsymbol{x} = \boldsymbol{a}$ mit positiv definiter Matrix A und der Cholesky-Zerlegung $A = C^T C$ ist das gestaffelte System

$$C\boldsymbol{x} = \boldsymbol{b} \quad \text{mit} \quad C^T \boldsymbol{b} = \boldsymbol{a}$$

äquivalent. Man bestimmt zunächst $\boldsymbol{b}$ durch Vorwärtseinsetzen (man beachte, daß hier i.a. $c_{i,i} \neq 1$ ist) und löst $C\boldsymbol{x} = \boldsymbol{b}$ mit $R = C$ durch Rückwärtseinsetzen.

Beispiel 1: Für das symmetrische lineare Gleichungssystem

$$\begin{bmatrix} 1 & 1 & -2 \\ 1 & 5 & 0 \\ -2 & 0 & 14 \end{bmatrix} \begin{bmatrix} x_1 \\ x_2 \\ x_3 \end{bmatrix} = \begin{bmatrix} 3 \\ 13 \\ 8 \end{bmatrix}$$

hat das Restschema aus **6.1** von Falk die Gestalt

$$\begin{array}{c|c} C & \boldsymbol{b} \\ \hline A & \boldsymbol{a} \end{array} \qquad \begin{array}{ccc|c} 1 & 1 & -2 & 3 \\ & 2 & 1 & 5 \\ & & 3 & 3 \\ \hline 1 & 1 & -2 & 3 \\ \cdot & 5 & 0 & 13 \\ \cdot & \cdot & 14 & 8 \end{array} \quad .$$

Es wird durch den Algorithmus **Cholesky** in das äquivalente System

$$\begin{bmatrix} 1 & 1 & -2 \\ 0 & 2 & 1 \\ 0 & 0 & 3 \end{bmatrix} \begin{bmatrix} x_1 \\ x_2 \\ x_3 \end{bmatrix} = \begin{bmatrix} 3 \\ 5 \\ 3 \end{bmatrix} \qquad \text{mit der Lösung } \boldsymbol{x} = \begin{bmatrix} 3 \\ 2 \\ 1 \end{bmatrix}$$

überführt.

6.4 Nachiteration

Man kann i.a. die mit der LR-Zerlegung (oder der Cholesky-Zerlegung) berechnete Lösung $\boldsymbol{p}$ eines linearen Gleichungssystems $A\boldsymbol{x} = \boldsymbol{a}$, wenn ihre Genauigkeit nicht den Ansprüchen genügt, d.h., wenn das **Residuum**

$$\boldsymbol{r} := A\boldsymbol{p} - \boldsymbol{a}$$

deutlich von $\mathbf{o}$ verschieden ist, durch **Nachiteration** verbessern. Man setzt für die verbesserte Lösung $\boldsymbol{x} = \boldsymbol{p} - \boldsymbol{d}$ und erhält für die Korrektur $\boldsymbol{d}$ durch Einsetzen das lineare Gleichungssystem

$$A\boldsymbol{d} = \boldsymbol{r}.$$

Steht die Zerlegung $A = LR$ zur Verfügung, so kann $\boldsymbol{d}$ über die Hilfsspalte $\boldsymbol{q}$ aus den speziellen Systemen

$L\boldsymbol{q} = \boldsymbol{r}$ durch Vorwärtseinsetzen und
$R\boldsymbol{d} = \boldsymbol{q}$ durch Rückwärtseinsetzen

bestimmt werden, wozu man das Falk-Schema durch die Spalten $\boldsymbol{r}$ und $\boldsymbol{q}$ ergänzt.

Das Residuum $\boldsymbol{r}$ kann dabei nur sinnvoll zur Korrektur von $\boldsymbol{p}$ benutzt werden, wenn es genauer als $\boldsymbol{p}$ berechnet wird. Man bestimmt daher $\boldsymbol{r} = A\boldsymbol{p} - \boldsymbol{a}$ mit **doppelter Genauigkeit.** Hierfür sind heute die meisten Rechenanlagen eingerichtet.

Beispiel 2: Für das lineare Gleichungssystem

$$\begin{bmatrix} 2 & 1 & 0 \\ 1 & 4 & 1 \\ 0 & 1 & 2 \end{bmatrix} \begin{bmatrix} x_1 \\ x_2 \\ x_3 \end{bmatrix} = \begin{bmatrix} 2 \\ 8 \\ 2 \end{bmatrix}$$

lautet das erweiterte Restschema mit Nachiteration bei Rechnungen mit einer Stelle hinter dem Komma:

	p	d	0.1	0.1
C	b	q	1.9	−0.2
A	a	r	0.1	0.2
1.4	0.7	0	1.4	0.1
	1.9	0.5	3.7	−0.2
		1.3	0.1	0.2
2	1	0	2	0.1
·	4	1	8	−0.2
·	·	2	2	0.1

Die exakte Lösung $\boldsymbol{x} = \begin{bmatrix} 0 \\ 2 \\ 0 \end{bmatrix}$ wird durch $\boldsymbol{p} - \boldsymbol{d} = \begin{bmatrix} 0.0 \\ 2.1 \\ -0.1 \end{bmatrix}$ fast erreicht.

6.5 Aufgaben und Ergänzungen

1. Die lineare Abbildung $y = Cx$ führt die quadratische Form $x^T A x$ mit $A = C^T C$ über in $y^T y$ (Cholesky 1871).
2. Der Algorithmus **Gauß** läßt sich „symmetrisieren“ indem man vor jedem Schritt $j = 1, 2, \dots, n$ die Zeile j durch die Wurzel des Diagonalelements dividiert.
3. Die Diagonalelemente einer positiv definiten Matrix sind positiv.
4. Das größte Element einer symmetrischen positiv definiten Matrix liegt auf der Hauptdiagonalen.
5. Jede symmetrische Matrix A mit positiven Diagonalelementen, die das **starke Spaltensummenkriterium**

$2|a_{k,k}| > \sum_{i=1}^{n} |a_{i,k}|$ für alle k erfüllt, ist positiv definit.

7 Die QR-Zerlegung

Die verschiedenen Varianten des Gaußalgorithmus können die Kondition des linearen Gleichungssystems verändern. Man vermeidet das, indem man die Matrix A durch Multiplikation mit einer orthonormalen Matrix Q^T in Dreiecksgestalt R überführt, dann ist $A = QR$.

7.1 Die Householdertransformation

Die auf Householder zurückgehende moderne Form einer QR-Zerlegung einer n,m-Matrix A, $n \geq m$, $\operatorname{rang} A = m$, benutzt orthogonale Transformationen

$$y = Hx \quad \text{mit} \quad H = E - \boldsymbol{u} \cdot 2\boldsymbol{u}^T, \ \boldsymbol{u}^T\boldsymbol{u} = 1,$$

die eine gegebene Spalte $\boldsymbol{a} := [a_1, \dots, a_n]^T$ in ein Vielfaches $\boldsymbol{e}_1 a$ z.B. der ersten Einheitsspalte $\boldsymbol{e}_1 := [1, 0, \dots, 0]^T$ wirft. Man prüft leicht nach: H ist symmetrisch, involutorisch und daher orthonormal, d.h. es gilt

$$H^T = H, \ HH = E \quad \text{und daher} \quad H^T H = E.$$

Die Bestimmung von $\boldsymbol{u}$ aus $\boldsymbol{a}$ und $\boldsymbol{e}_1$ ist einfach: Aus der Bedingung

$$H\boldsymbol{a} = \boldsymbol{a} - \boldsymbol{u} \cdot 2\boldsymbol{u}^T\boldsymbol{a} = \boldsymbol{e}_1 a$$

folgt wegen der Orthogonalität von H zunächst $a = \pm \|\boldsymbol{a}\|_2$ und, da $2\boldsymbol{u}^T\boldsymbol{a}$ ein Skalar ist, daß $\boldsymbol{u}$ parallel $\boldsymbol{v} := \boldsymbol{a} - \boldsymbol{e}_1 a$ ist, und damit

$$\boldsymbol{u} = \frac{\boldsymbol{a} - \boldsymbol{e}_1 a}{\|\boldsymbol{a} - \boldsymbol{e}_1 a\|_2} \quad .$$

Damit im Nenner keine Auslöschung eintritt, falls $\boldsymbol{a}$ annähernd parallel $\boldsymbol{e}_1$ ist, setzt man

$$a := -\operatorname{sign} a_1 \|\boldsymbol{a}\|_2 \neq 0^{1)}.$$

Man beachte: $\boldsymbol{v}$ unterscheidet sich nur in der ersten Koordinate a_1 von $\boldsymbol{a}$ und es ist

$$\boldsymbol{u}\, 2\, \boldsymbol{u}^T = \boldsymbol{v} \frac{1}{\alpha} \boldsymbol{v}^T \quad \text{mit} \quad \alpha := \frac{1}{2} \boldsymbol{v}^T \boldsymbol{v} = a^2 - a_1 a.$$

Damit erhält man für die Spiegelung

$$y = Hx = x - \boldsymbol{v} s \quad \text{mit} \quad s := \frac{1}{\alpha} \boldsymbol{v}^T x.$$

7.2 Der Algorithmus von Householder

Man kann die Transformation von Householder dazu benutzen, eine n,m-Matrix A, $n \geq m$, in die ersten m Spalten einer rechten Dreiecksmatrix zu überführen. Man nimmt für $\boldsymbol{a}$ zu-

---

1) Im Falle $a_1 = 0$ setzt man $a := -\|\boldsymbol{a}\|_2$.

nächst die erste Spalte $\boldsymbol{a}_1$ von A, dann die Spalte $\bar{a}_2$, die aus der Spalte $\boldsymbol{a}_2$ der transformierten Matrix durch Nullsetzen der Komponenten über der Hauptdiagonalen entsteht, und für $\boldsymbol{e}_1$ die Spalte $\boldsymbol{e}_2$, usf. Der Algorithmus endet, wenn auch in der Spalte m (oder bei $n = m$ in der Spalte $n - 1$) die Elemente unterhalb der Hauptdiagonalen zum Verschwinden gebracht sind.

Es wäre jedoch zu umständlich, die Matrizen H_j der Householdertransformationen auszurechnen und zu multiplizieren. Es ist einfacher, die Produkte $H_j A$ und damit die ersten m Spalten der Matrix R direkt zu bestimmen. Dabei ist es üblich, die Elemente $r_{i,k}$ für $i < k$ über die $a_{i,k}$ zu schreiben und die Diagonalelemente $r_{k,k} =: a_k$ gesondert wegzuspeichern. Mit den Formeln in **7.1** und der von j abhängenden Vereinfachung $\bar{a}_k := [a_{j,k}, \dots, a_{n,k}]^T$ lautet der Algorithmus hierfür:

Householder

Gegeben: A n,m-Matrix, $n \geq m$, $\operatorname{rang} A = m$

Gesucht: $A := R = Q^T A$ mit $Q^T Q = E$

1 Für $j = 1, 2, \dots, m$ (oder $j = 1, 2, \dots, n - 1$)

2 bestimme $a^2 := \bar{a}_j^T \bar{a}_j$

3 und $a_j := -\operatorname{sign} a_{j,j} \cdot \sqrt[+]{a^2}$

4 und $\alpha := a^2 - a_{j,j} \cdot a_j$.

5 Setze $a_{j,j} := a_{j,j} - a_j$.

6 Für $k = j + 1, j + 2, \dots, m$

7 bestimme $s_k := \frac{1}{\alpha} \bar{a}_j^T \bar{a}_k$

8 und setze $\bar{a}_k := \bar{a}_k - \bar{a}_j s_k$.

Mit der Anweisung 5 wird $\bar{a}_j$ durch $\bar{\boldsymbol{v}}_j$ ersetzt und für später aufgehoben.

Für die Berechnung von Hand aber schreibt man $\boldsymbol{v}$ links von A, α unter $\boldsymbol{v}$ und die Zeile $\boldsymbol{s}^T$ der s_k unter A, das neue A als A' rechts von A

$$\begin{array}{c|c} \boldsymbol{v} & A \\ \hline \alpha & \boldsymbol{s}^T \end{array}, \qquad A' ,$$

wobei man für den Schritt $j + 1$ das neue Schema auf die $a_{i,k}$ mit $i,k > j$ beschränken kann.

Bemerkung 1: Die $a_k := r_{k,k}$ lassen sich über die s_k schreiben.

Bemerkung 2: Der Algorithmus **Householder** bestimmt die Matrix R der Zerlegung $A = QR$, dabei ist Q eine orthonormale n, n-Matrix:

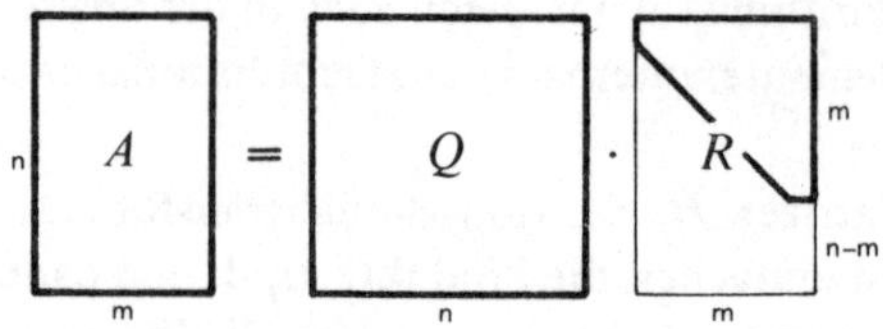

7.3 Lineare Gleichungssysteme

Das Produkt der Householdertransformationen

$$H := H_{n-1} \dots H_2 H_1$$

überführt ein lineares Gleichungssystem $A\boldsymbol{x} = \boldsymbol{a}$ mit der n, n-Matrix A in eines mit rechter oberer Dreiecksmatrix R:

$$H(A\boldsymbol{x} - \boldsymbol{a}) = HA\boldsymbol{x} - H\boldsymbol{a} = R\boldsymbol{x} - \boldsymbol{b}.$$

Offenbar gewinnt man $\boldsymbol{b} := H\boldsymbol{a}$ beiläufig wie beim Algorithmus **Gauß**, indem man A mit $\boldsymbol{a}$ rändert und im Algorithmus die Anweisungen 7 und 8 auch auf $\boldsymbol{a} =: \boldsymbol{a}_{n+1}$ anwendet.

Beispiel 1: Für das lineare Gleichungssystem

$$\begin{bmatrix} 1 & 1.1 & 1.1 \\ 1 & 0.9 & 0.9 \\ 0 & -0.1 & 0.2 \end{bmatrix} \begin{bmatrix} x_1 \\ x_2 \\ x_3 \end{bmatrix} = \begin{bmatrix} 1 \\ 1 \\ 0.3 \end{bmatrix}$$

mit nahezu linear abhängigen Spalten sind die Schemata für die beiden Householdertransformationen H_j, $j = 1, 2$,

2,41	1	1.1	1.1	1
1	1	0.9	0.9	1
0	0	−0.1	0.2	0.3
3.41	1	1.04	1.04	1.0

$\xrightarrow{j=1}$

−1.41	−1.41	−1.41	−1.41
0	−0.14	−0.14	0
0	−0.1	0.2	0.3

,

−0.31	*	−0.14	−0.14	0
−0.1	*	−0.1	0.2	0.3
0.05	*	1	0.40	−0.60

$\xrightarrow{j=2}$

*	0.17	−0.02	−0.19
*	0	0.24	0.24

.

Das neue lineare Gleichungssystem lautet

$$\begin{bmatrix} -1.41 & -1.41 & -1.41 \\ 0 & 0.17 & -0.02 \\ 0 & 0 & 0.24 \end{bmatrix} \begin{bmatrix} x_1 \\ x_2 \\ x_3 \end{bmatrix} = \begin{bmatrix} -1.41 \\ -0.19 \\ 0.24 \end{bmatrix}$$

und hat die Lösung $\boldsymbol{x} = [1, -1, 1]^T$.

7.4 Aufgaben und Ergänzungen

1. Die Householdertransformation $y = Hx$ ist eine Spiegelung $y = x - u \cdot 2u^T x$ an einer Ebene U mit der Gleichung $u^T x = 0$ bei $u^T u = 1$.

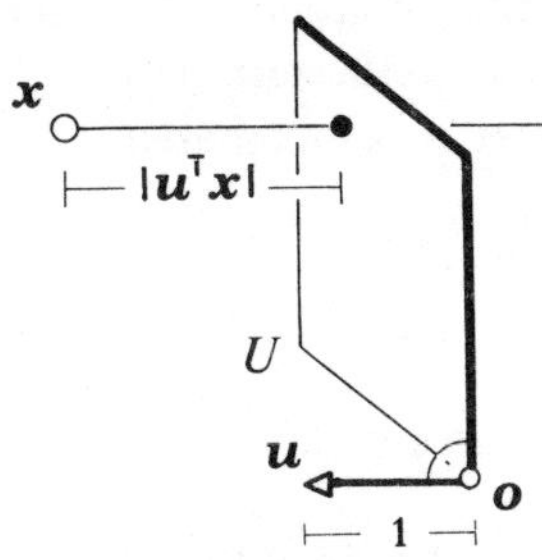

Bild 7.1
Spiegelung nach Householder

2. Man erhält die Spalten $q_1, \dots, q_n$ von Q^T z.B., indem man für a die Spalten $e_1, \dots, e_n$ von E einsetzt und denselben Umformungen unterwirft wie a.

3. Die direkte QR-Zerlegung von A im Schema von Falk führt auf das **Verfahren von Schmidt.** Es besitzt den Nachteil, bei nahezu linear abhängigen Spalten von A ohne zusätzliche Maßnahmen nicht gutartig zu sein. Das Verfahren bestimmt im Gegensatz zu dem von Householder Q und R in der Form

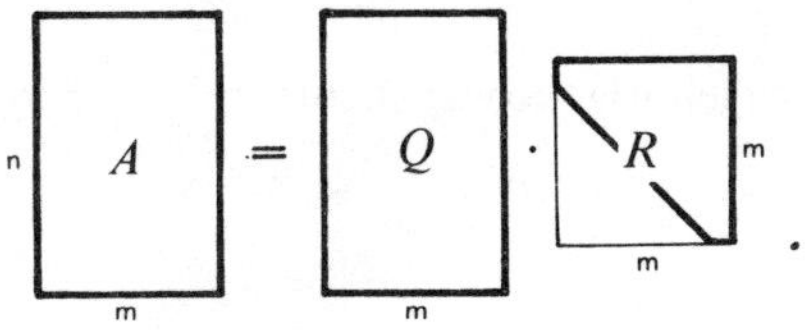

8 Relaxation

Der Grundidee, ein lineares Gleichungssystem $A\boldsymbol{x} = \boldsymbol{a}$ durch Umformen der Matrix A in eine direkt lösbare Form zu überführen, steht der Gedanke gegenüber, A unverändert beizubehalten und eine Näherungslösung $\boldsymbol{p}$ schrittweise zu verbessern. Dabei bleiben nützliche Eigenschaften von A, wie z.B. die, dünn besetzt zu sein, erhalten.

8.1 Koordinatenrelaxation

Eine Näherungslösung $\boldsymbol{p}$ für das lineare Gleichungssystem $A\boldsymbol{x} = \boldsymbol{a}$ habe das nicht verschwindende Residuum

$$\boldsymbol{r} = A\boldsymbol{p} - \boldsymbol{a} \neq \mathbf{o}.$$

Es ist die ebenfalls auf Gauß zurückgehende Grundidee des **Relaxierens**, $\boldsymbol{p}$ so zu ändern, daß $\boldsymbol{r}$ (in geeignetem Sinn) kleiner wird.

Es ist besonders einfach, aber wirkungsvoll, dazu nur eine Komponente p_j von $\boldsymbol{p}$ zu ändern, das heißt p_j durch

$$p_j' := p_j + \rho$$

zu ersetzen und ρ so zu wählen, daß die zugehörige Komponente $r_j' := r_j + a_{j,j}\,\rho$ des neuen Residuums verschwindet, also

$$\rho := -\frac{r_j}{a_{j,j}}\,.$$

Damit wird das Residuum in $\boldsymbol{p}' = \boldsymbol{p} + \boldsymbol{e}_j\,\rho$

$$\boldsymbol{r}' = \boldsymbol{r} + \boldsymbol{a}_j\,\rho;$$

$\boldsymbol{a}_j$ ist die Spalte j der Matrix A, $\boldsymbol{e}_j$ die Spalte j von E.

Für die Wahl der Komponente r_j, die zum Verschwinden gebracht werden soll, gibt es verschiedene Möglichkeiten:

Handrelaxation: Von Hand leicht durchzuführen ist die Wahl jenes p_j, das zur betragsgrößten Komponente r_j des Residuums gehört:

$$|r_j| = \max_i |r_i|.$$

Das wiederholt man, bis alle Komponenten r_i betragsmäßig kleiner als eine vorgegebene Toleranz σ_0 sind. Man erhält so für ein A, das den Voraussetzungen der in **8.2** und **8.4** angegebenen Sätze 1 oder 3 genügt, den Algorithmus:

Relaxation

Gegeben:	A n, n-Matrix, regulär, $a_{i,i} \neq 0$, $\boldsymbol{a}$, $\boldsymbol{p}$ n-Spalten; $\sigma_0 > 0$ Toleranz
Gesucht:	$\boldsymbol{p} := \boldsymbol{p}'$ mit $\|A\boldsymbol{p}' - \boldsymbol{a}\|_\infty \leq \sigma_0$

1 Setze $\sigma := \sigma_0$

2 Bestimme $\boldsymbol{r} := A\boldsymbol{p} - \boldsymbol{a}$ (Residuum),

Wahl von r_j bei **Handrelaxation**

> 3 Suche r_j mit $|r_j| = \max\limits_i |r_i|$.
>
> 4 Falls $|r_j| \leq \sigma$: **Ende,**

7 setze $\rho := \dfrac{-r_j}{a_{j,j}}$,

8 $p_j := p_j + \rho$,

9 und $\boldsymbol{r} := \boldsymbol{r} + \boldsymbol{a}_j \rho$.

10 Geh nach 3.

Der Algorithmus ist zum Austauschen des Teiles „r_j bei Handrelaxation" eingerichtet, die Hilfsgröße σ ist dann von Bedeutung.

Zyklische Relaxation: Die Handrelaxation ist für eine automatisierte Durchführung ungeeignet. Die Suche des maximalen $|r_j|$ ist meist aufwendiger als ein Relaxationsschritt. Sie wird vermieden, wenn man j einfach von 1 bis n laufen läßt. Für diese, auf Gauß und Seidel zurückgehende Relaxation lautet der Teilalgorithmus für die Wahl von r_j

r_j bei **zyklischer Relaxation**

> 3 Falls $\|\boldsymbol{r}\|_\infty \leq \sigma$: **Ende.**
>
> 4 Für $j = 1, 2, \ldots, n$

Er kann direkt in den Algorithmus **Relaxation** eingesetzt werden.

Schwellwert-Relaxation: Bei zyklischer Relaxation wird ein Schritt auch dann ausgeführt, wenn

$$|r_j| \ll \max_i |r_i|$$

ist. Es liegt daher nahe, p_j im Zyklus nur dann zu ändern, falls das zugehörige $|r_j|$ größer als ein **Schwellwert** σ ist. Die Relaxation endet, wenn alle $|r_i| \leq \sigma$ sind. Mit mehreren Schwellwerten $\sigma_0 > \sigma_1 > \ldots > \sigma_m$, die nacheinander an die Stelle von σ treten, vermeidet man alle Nachteile der zyklischen Relaxation. Für diese Form der Relaxation lautet der Teilalgorithmus für die Wahl von r_j:

r_j für **Schwellwert-Relaxation**

```
3  Falls ‖r‖∞ ≤ σ bei σ = σm : Ende,
4                 bei σ = σk : setze σ := σk+1.
5  Für j = 1, 2, ... , n
6              falls |rj| > σ
```

Auch er kann direkt eingesetzt werden, die Anweisungen 7, 8, 9 sind dabei der Anweisung 6 untergeordnet. Im Deklarationsteil ist die Toleranz σ_0 durch die Schwellwerte $\sigma_0 > \ldots > \sigma_m$ zu ersetzen.

8.2 Konvergenz bei diagonaldominanten Matrizen

Mit der Koordinatenrelaxation ist nicht notwendig verbunden, daß das Residuum als Ganzes klein wird. Das wird von A abhängen.

Ist für die Spalten $\boldsymbol{a}_k$ von A das **starke Spaltensummenkriterium**

(1) $$\sum_{\substack{i=1\\ i \neq k}}^{n} |a_{i,k}| < |a_{k,k}|, \quad k = 1, \ldots, n$$

erfüllt, so heißt A **diagonal dominant.** Es gilt:

Satz 1: Handrelaxation, zyklische Relaxation und Schwellwertrelaxation konvergieren für alle diagonal dominanten A.

Zum Beweis zeigt man zunächst, daß $\|\boldsymbol{r}'\|_1 \leq \|\boldsymbol{r}\|_1$ ist: Mit $\boldsymbol{r}' = \boldsymbol{r} + \boldsymbol{a}_j \rho$ und $\rho = -r_j/a_{j,j}$ wird wegen $r_j' = 0$:

$$\|\boldsymbol{r}'\|_1 = \sum_{\substack{i=1\\ i \neq j}}^{n} |r_i + \rho\, a_{i,j}| \leq \sum_{\substack{i=1\\ i \neq j}}^{n} |r_i| + |\rho| \sum_{\substack{i=1\\ i \neq j}}^{n} |a_{i,j}|$$

$$= \|\boldsymbol{r}\|_1 - |r_j| + |r_j| \sum_{\substack{i=1\\ i \neq j}}^{n} \left|\frac{a_{i,j}}{a_{j,j}}\right| = \|\boldsymbol{r}\|_1 - \delta\, |r_j|,$$

mit $\delta := 1 - \sum_{\substack{i=1\\ i \neq j}}^{n} \left|\frac{a_{i,j}}{a_{j,j}}\right| > 0$ wegen (1).

Ist nun bei Hand- und Schwellwertrelaxation ein $|r_j| > \sigma_0$, so nimmt $\|r\|_1$ bei diesem Relaxationsschritt echt ab. Da aber $\|r\|_1$ als Norm nach unten beschränkt ist, kann $|r_j|$ nur endlich oft größer als σ_0 sein, q.e.d.

Bei zyklischer Relaxation kann $|r_j| < \sigma_0$ sein, aus diesem Grunde ist der Konvergenzbeweis schwieriger, im Grunde aber auch uninteressant, da auf Rechenanlagen wegen der begrenzten Maschinengenauigkeit *eps* die zyklische Relaxation automatisch zu einer Schwellwertrelaxation wird.

8.3 Das Minimumproblem

Eine Reihe von Problemen u.a. der mathematischen Physik führt auf eine quadratische Form

$$F(\boldsymbol{p}) := \frac{1}{2}\,\boldsymbol{p}^T A\,\boldsymbol{p} - \boldsymbol{p}^T\boldsymbol{a}$$

in $\boldsymbol{p}$ mit symmetrischer, positiv definiter Matrix A. Es gilt:

Satz 2: $F(\boldsymbol{p})$ nimmt sein Minimum für die Lösung $\boldsymbol{p} = \boldsymbol{x}$ des linearen Gleichungssystems $A\,\boldsymbol{x} = \boldsymbol{a}$ an.

Zum Beweis setzt man $\boldsymbol{p} = \boldsymbol{x} + \boldsymbol{d}$. Damit wird

$$F(\boldsymbol{p}) = \frac{1}{2}\,\boldsymbol{d}^T A\,\boldsymbol{d} + \frac{1}{2}\,\boldsymbol{x}^T A\,\boldsymbol{x} - \boldsymbol{x}^T\boldsymbol{a} = F(\boldsymbol{x}) + \frac{1}{2}\,\boldsymbol{d}^T A\,\boldsymbol{d} \geq F(\boldsymbol{x}),$$

das Gleichheitszeichen wird bei positiv definitem A nur für $\boldsymbol{d} = \mathbf{o}$ angenommen.

Die Aufgabe besteht nun darin, das Minimum von $F(\boldsymbol{p})$ zu bestimmen. Mit dem Minimum hat man auch die Lösung $\boldsymbol{x}$ des linearen Gleichungssystems $A\,\boldsymbol{x} = \boldsymbol{a}$. Für die Verbesserung einer Näherung $\boldsymbol{p}$ mit dem Residuum $\boldsymbol{r} := A\,\boldsymbol{p} - \boldsymbol{a}$ macht man mit der Fortschreitungsrichtung $\boldsymbol{v}$ den Ansatz

$$\boldsymbol{p}' = \boldsymbol{p} + \boldsymbol{v}\,\lambda.$$

Damit folgt: In $\boldsymbol{p}'$ hat F den Wert

$$F(\boldsymbol{p}') = F(\boldsymbol{p}) + \boldsymbol{v}^T\boldsymbol{r}\,\lambda + \frac{1}{2}\,\boldsymbol{v}^T A\,\boldsymbol{v}\,\lambda^2,$$

$F = F(\boldsymbol{p}'(\lambda))$ wird relativ minimal für

$$\lambda = \lambda' := -\,\frac{\boldsymbol{v}^T\boldsymbol{r}}{\boldsymbol{v}^T A\,\boldsymbol{v}}$$

mit

$$F(\boldsymbol{p}') = F(\boldsymbol{p}) - \frac{1}{2}\,\frac{(\boldsymbol{v}^T\boldsymbol{r})^2}{\boldsymbol{v}^T A\,\boldsymbol{v}} \leq F(\boldsymbol{p}).$$

Für die Wahl von $\boldsymbol{v}$ gibt es verschiedene Möglichkeiten:

Koordinatenrelaxation: Speziell erhält man für $\boldsymbol{v} = \boldsymbol{e}_j$

$$\lambda' = -\frac{r_j}{a_{j,j}}, \quad \boldsymbol{p}' = \boldsymbol{p} - \boldsymbol{e}_j \frac{r_j}{a_{j,j}}, \quad \boldsymbol{r}' = \boldsymbol{r} - \boldsymbol{a}_j \frac{r_j}{a_{j,j}}$$

die Koordinatenrelaxation **8.1**.

Methode des stärksten Abstiegs: Es ist jedoch sicher effektiver, statt in Richtung des maximalen $|r_j|$ in Richtung von $\boldsymbol{r}$ überhaupt fortzuschreiten. Diese Richtung $\boldsymbol{v} = \boldsymbol{r}$ ist **lokal optimal.** Für sie wird

$$\lambda' = -\frac{\boldsymbol{r}^T\boldsymbol{r}}{\boldsymbol{r}^T A \boldsymbol{r}} =: -\frac{1}{r} \text{ und } F(\boldsymbol{p}') = F(\boldsymbol{p}) - \frac{1}{2r}\boldsymbol{r}^T\boldsymbol{r}.$$

Diese Wahl von $\boldsymbol{v}$ führt für Matrizen A, die den Voraussetzungen des in **8.4** angegebenen Satzes 3 genügen, auf den Algorithmus:

Methode des stärksten Abstiegs

Gegeben: A n,n-Matrix, pos. def.; $\boldsymbol{a}, \boldsymbol{p}$ n-Spalten; $\sigma > 0$ Toleranz.
Gesucht: $\boldsymbol{p}$ mit $\|A\boldsymbol{p} - \boldsymbol{a}\|_2 \leq \sigma$.

1 Bestimme $\boldsymbol{r} := A\boldsymbol{p} - \boldsymbol{a}$
2 und $\lambda' := -\dfrac{\boldsymbol{r}^T\boldsymbol{r}}{\boldsymbol{r}^T A\boldsymbol{r}}$,
3 setze $\boldsymbol{p} := \boldsymbol{p} + \boldsymbol{r}\lambda'$,
4 und $\boldsymbol{r} := \boldsymbol{r} + A\boldsymbol{r}\lambda'$.
5 Falls $\|\boldsymbol{r}\|_2 \leq \sigma$: **Ende.**
6 Geh nach **2**.

Überrelaxation: Ist $\boldsymbol{v}^T\boldsymbol{r} \neq 0$, so ist für jedes λ'' mit $0 < \lambda'' < 2\lambda'$ und $\boldsymbol{p}'' := \boldsymbol{p} + \boldsymbol{v}\lambda''$

$$F(\boldsymbol{p}'') < F(\boldsymbol{p}).$$

Ersetzt man so bei der Koordinatenrelaxation oder der Methode des stärksten Abstiegs λ' durch

$$\lambda'' := \omega\lambda' \quad \text{mit} \quad 0 < \omega < 2, \ \omega \neq 1,$$

so geht man nicht bis zum relativen Minimum, verkleinert $F(\boldsymbol{p})$ aber doch. Man nennt das im Falle $\omega < 1$ **Unterrelaxation** und im Falle $\omega > 1$ **Überrelaxation.**

Bemerkung 1: Es gibt Klassen von Matrizen, für die z.B. die zyklische Relaxation bei Überrelaxation deutlich besser konvergiert als die normale zyklische Relaxation mit $\omega = 1$.

Bemerkung 2: Der Quotient $r := \frac{\boldsymbol{r}^T A \boldsymbol{r}}{\boldsymbol{r}^T \boldsymbol{r}}$ heißt **Rayleigh-Quotient** von A zu $\boldsymbol{r}$. Mit **2.5** gilt

$$r \leq \frac{\|\boldsymbol{r}\|_2 \, \|A\boldsymbol{r}\|_2}{\|\boldsymbol{r}\|_2 \, \|\boldsymbol{r}\|_2} = \frac{\|A\boldsymbol{r}\|_2}{\|\boldsymbol{r}\|_2} \leq \|A\|_2 .$$

8.4 Konvergenz bei symmetrischen, positiv definiten Matrizen

Analog zu Satz 1 über die Konvergenz bei diagonal dominanten Matrizen A gilt:

Satz 3: Die Koordinatenrelaxation **8.1** und die Methode des stärksten Abstiegs konvergieren für Überrelaxationsfaktoren ω mit $0 < \omega < 2$ und für symmetrische und positiv definite A.

Darin ist insbesondere enthalten, daß sie für $\omega = 1$ konvergieren.

Zum Beweis betrachtet man die Abnahme von $F(\boldsymbol{p})$ beim Übergang von $\boldsymbol{p}$ zu $\boldsymbol{p}'' := \boldsymbol{p} + \boldsymbol{e}_j \, \omega \lambda'$. Für die Hand- und die Schwellwertrelaxation wird bei $|r_j| > \sigma$

$$F(\boldsymbol{p}'') = F(\boldsymbol{p}) - \omega(2-\omega)\frac{1}{2}\frac{r_j^2}{a_{j,j}} < F(\boldsymbol{p}) - \omega(2-\omega)\frac{1}{2}\frac{\sigma^2}{a_{j,j}} .$$

$F(\boldsymbol{p})$ ist nach unten beschränkt, demnach kann $|r_j|$ nur endlich oft größer als σ sein.

Für zyklische Relaxation ist das nicht der Fall, jedoch gelten die gleichen Überlegungen wie bei Satz 1. Für die Methode des stärksten Abstiegs wird

$$F(\boldsymbol{p}'') = F(\boldsymbol{p}) - \omega(2-\omega)\frac{\|\boldsymbol{r}\|_2^2}{2r} < F(\boldsymbol{p}) - \omega(2-\omega)\frac{1}{2}\frac{\sigma^2}{\|A\|_2} .$$

Die Beweisführung ist die gleiche wie oben, mit $\|A\|_2$ anstelle von $a_{j,j}$.

8.5 Geometrische Deutung

Das Minimieren der quadratischen Form hat die folgende geometrische Bedeutung: Die Niveauflächen $F(\boldsymbol{y})$ = fest sind ähnliche und ähnlich gelegene konzentrische Ellipsoide. Sie schneiden eine Ebene in ähnlichen und ähnlich gelegenen konzentrischen Ellipsen, insbesondere auch jene Ebene durch $\boldsymbol{p}$, die die Richtungen $\boldsymbol{r}$ und $\boldsymbol{v}$ enthält, diese zeigt die Figur:

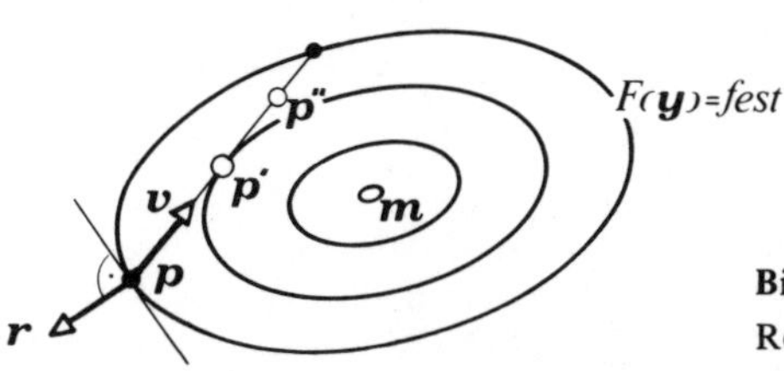

Bild 8.1
Relaxation bei symmetrischem A

Eine Gerade wird von einem Ellipsoid berührt und von den anderen in Punktepaaren geschnitten, die vom Berührpunkt halbiert werden.

Man geht also von $\boldsymbol{p}$ in Richtung $\boldsymbol{v}$ bis zum Berührpunkt $\boldsymbol{p}'$ (dort ist $\boldsymbol{r}' \perp \boldsymbol{v}$) oder bei $\omega \neq 1$ weiter, bleibt aber wegen $0 < \omega < 2$ innerhalb $F(\boldsymbol{y}) = F(\boldsymbol{p})$. Deutlich ist $\boldsymbol{v} = \boldsymbol{r}$ lokal optimal. Die Lösung $\boldsymbol{x}$ des linearen Gleichungssystems $A\boldsymbol{x} = \boldsymbol{a}$ ist der gemeinsame Mittelpunkt aller Ellipsoide, $\boldsymbol{m}$ ist gemeinsamer Mittelpunkt der Schnitt-Ellipsen.

Die Beweise werden in der Analytischen Geometrie geführt.

8.6 Aufgaben und Ergänzungen

1. Multipliziert man die Gleichung i des linearen Gleichungssystems mit einem Faktor, so auch die Komponente r_i. Das kann man dazu benutzen, den einzelnen Gleichungen besondere Gewichte zu geben. Diesen Vorgang nennt man **skalieren.**
2. Zwei Richtungen $\boldsymbol{v}_i$ und $\boldsymbol{v}_k$ heißen **konjugiert** zu den Flächen $F(\boldsymbol{y})$ = fest, falls $\boldsymbol{v}_i^T A \boldsymbol{v}_k = 0$. Wählt man in $\boldsymbol{p}_1$ die Richtung $\boldsymbol{v}_1 := \boldsymbol{r}_1$ und dann in $\boldsymbol{p}_j$, $j = 2, 3, \dots, n$, die Fortschreitungsrichtung $\boldsymbol{v}_j$ in der Ebene von $\boldsymbol{v}_{j-1}$ und $\boldsymbol{r}_j$ und konjugiert $\boldsymbol{v}_{j-1}$ zu $F(\boldsymbol{y})$ = fest und geht jeweils bis zum relativen Minimum, so erhält man nach n Schritten die exakte Lösung (Stiefel und Hestenes 1952).
3. Die Koordinatenrelaxation konvergiert bei nicht zerfallenden Matrizen auch noch, wenn nur das **schwache Spaltensummenkriterium** erfüllt ist:

$$|a_{k,k}| \geq \sum_{\substack{j=1 \\ j \neq k}}^{n} |a_{j,k}|, \quad k = 1, \dots, n,$$

wobei für mindestens ein k das Zeichen $>$ stehen muß.

9 Lineares Ausgleichen

Nicht immer ist ein lineares Gleichungssystem lösbar oder die Lösung eindeutig bestimmt. Ein System, das mehr Gleichungen als Unbekannte besitzt, ist i.a. überbestimmt, ein System, das weniger Gleichungen als Unbekannte besitzt, ist i.a. unterbestimmt.

9.1 Überbestimmte lineare Gleichungssysteme

Das lineare Gleichungssystem $A\boldsymbol{x} = \boldsymbol{a}$

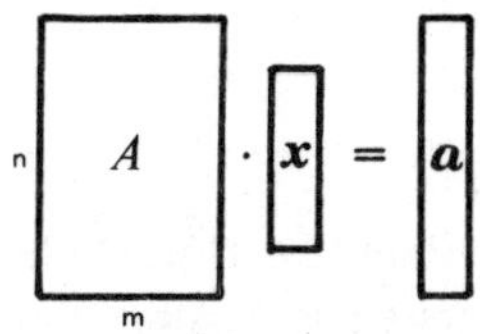

mit einer „hohen" n,m-Matrix A, $n > m$, hat bekanntlich nur dann eine Lösung, falls $\operatorname{rang} A = \operatorname{rang}\,[A, \boldsymbol{a}]$ ist. Anderenfalls verschwindet das Residuum

$$\boldsymbol{r} := A\boldsymbol{x} - \boldsymbol{a}$$

für kein $\boldsymbol{x}$. Man bezeichnet dann als **Lösung** ein $\boldsymbol{x}$, für welches das Residuum möglichst klein ist. Dabei mißt man $\boldsymbol{r}$ in irgendeiner geeigneten Norm $\|\boldsymbol{r}\|$. Eine derartige Bestimmung von $\boldsymbol{x}$ nennt man **vermittelndes Ausgleichen.**

Die Verwendung der euklidischen Norm $\|\boldsymbol{r}\|_2 = \sqrt{\boldsymbol{r}^T\boldsymbol{r}}$ führt auf eine Lösung, die schon Gauß benutzt hat. Sie ist als **Methode der kleinsten Quadrate** bekannt geworden. Hat A maximalen Rang m, so gilt:

Satz 1: $\|\boldsymbol{r}\|_2$ ist minimal für $\boldsymbol{x}$ mit $A^T\boldsymbol{r} = \mathbf{o}$.

Zum Beweis betrachtet man das Residuum $\boldsymbol{r}'$ in einem Punkt $\boldsymbol{x}' := \boldsymbol{x} + \boldsymbol{d}$

$$\boldsymbol{r}' := \boldsymbol{r} + A\boldsymbol{d}.$$

Mit $A^T\boldsymbol{r} = \mathbf{o}$ wird

$$\|\boldsymbol{r}'\|_2^2 = \boldsymbol{r}^T\boldsymbol{r} + 2\,\boldsymbol{d}^T A^T \boldsymbol{r} + \boldsymbol{d}^T A^T A \boldsymbol{d} = \|\boldsymbol{r}\|_2^2 + \|A\boldsymbol{d}\|_2^2.$$

D.h. es ist $\|\boldsymbol{r}'\|_2 > \|\boldsymbol{r}\|_2$ für alle $\boldsymbol{d} \neq \mathbf{o}$ und damit für alle $\boldsymbol{r}' \neq \boldsymbol{r}$.
Aus $A^T\boldsymbol{r} = \mathbf{o}$ aber folgt durch Einsetzen von $\boldsymbol{r}$

$$A^T A\boldsymbol{x} - A^T\boldsymbol{a} = \mathbf{o}$$

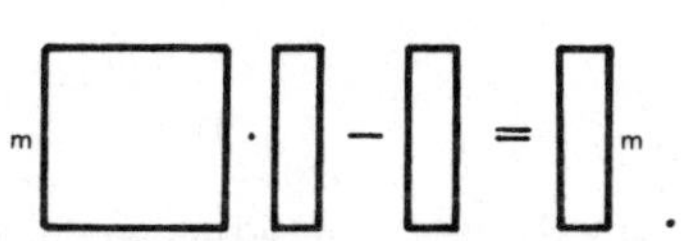

Diese Gleichungen heißen nach Gauß **Normalgleichungen.** Ihre Matrix ist symmetrisch und positiv definit. Ersteres folgt aus

$$[A^T A]^T = [A]^T [A^T]^T = A^T A,$$

letzteres aus

$$y^T A^T A y = [Ay]^T [Ay] > 0 \quad \text{für alle } y \neq \mathbf{o}.$$

Bemerkung 1: Man kann die Normalgleichungen, die i.a. keine gute Kondition haben, mit einer Cholesky-Zerlegung von $A^T A$ lösen. Besser ist eine direkte QR-Zerlegung von A.

9.2 Die Verwendung der QR-Zerlegung

Die n,m-Matrix A mit m linear unabhängigen Spalten erlaubt m Householderspiegelungen H_j, die die Matrix $[A, \boldsymbol{a}]$ in eine Matrix R, die aus den ersten m Spalten einer rechten Dreiecksmatrix besteht, und eine Spalte $\boldsymbol{b}$ überführen:

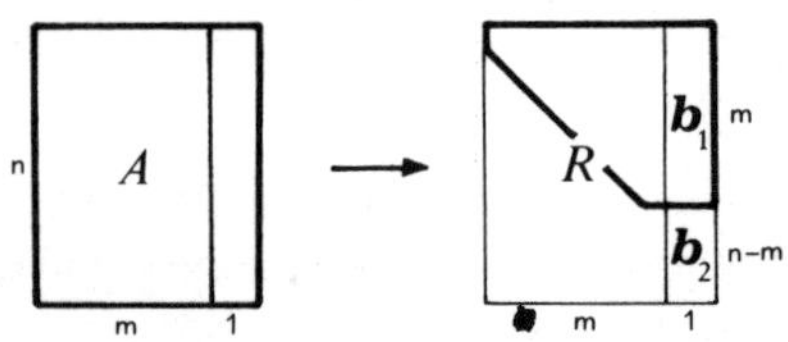

Da die H_j orthonormal sind, bleibt die euklidische Norm jeder Spalte erhalten, insbesondere aber auch die des Residuums, also ist

$$\|\boldsymbol{r}\|_2 := \|A\boldsymbol{x} - \boldsymbol{a}\|_2 = \|R\boldsymbol{x} - \boldsymbol{b}\|_2.$$

Damit wird $\|\boldsymbol{r}\|_2$ minimal für

$$R_1 \boldsymbol{x} = \boldsymbol{b}_1$$

wobei $[R_1, \boldsymbol{b}_1]$ aus $[R, \boldsymbol{b}]$ durch Streichen der letzten n-m Zeilen entsteht. Damit gilt $\|\boldsymbol{r}\|_2 = \|\boldsymbol{b}_2\|_2$.

9.3 Anwendung

Überbestimmte lineare Gleichungssysteme treten u.a. bei dem Problem auf, m linear unabhängige Funktionen $f_k(t)$ linear so zu kombinieren, daß die Linearkombination

$$y = f(t) := \sum_{k=1}^{m} c_k f_k(t)$$

für n gegebene verschiedene Werte t_i die vorgegebenen Werte y_i möglichst gut annähert.

Setzt man die n Paare t_i, y_i in $y = f(t)$ ein, so erhält man ein lineares Gleichungssystem für die c_k das bei $n > m$ i.a. überbestimmt ist. Es besitzt die Matrix $[f_k(t_i)]$.

Beispiel 1: Es soll eine Parabel

$$y = c_0 + c_1 t + c_2 t^2$$

durch die 4 Punkte der Tabelle

$t =$	-1	0	1	2
$y =$	2	1	2	3

gelegt werden. Setzt man die Punkte in die Parabelgleichung ein, so erhält man das lineare Gleichungssystem

$$\begin{bmatrix} 1 & -1 & 1 \\ 1 & 0 & 0 \\ 1 & 1 & 1 \\ 1 & 2 & 4 \end{bmatrix} \begin{bmatrix} c_0 \\ c_1 \\ c_2 \end{bmatrix} = \begin{bmatrix} 2 \\ 1 \\ 2 \\ 3 \end{bmatrix}.$$

Es wird durch 3 Householderspiegelungen überführt in

$$\begin{bmatrix} -2 & -1 & -2.99 \\ 0 & -2.24 & -2.25 \\ 0 & 0 & 1.99 \\ 0 & 0 & 0 \end{bmatrix} \begin{bmatrix} c_0 \\ c_1 \\ c_2 \end{bmatrix} = \begin{bmatrix} -4 \\ -0.89 \\ 1.01 \\ 0.45 \end{bmatrix}.$$

Für $\begin{bmatrix} c_0 \\ c_1 \\ c_2 \end{bmatrix} = \begin{bmatrix} 1.3 \\ -0.1 \\ 0.5 \end{bmatrix}$ wird $\begin{bmatrix} r_1 \\ r_2 \\ r_3 \\ r_4 \end{bmatrix} = \begin{bmatrix} -0.1 \\ 0.3 \\ -0.3 \\ 0.1 \end{bmatrix}$ und $\|r\|_2^2 = 0.2$ minimal. Die korrigierten Stützwerte sind $y_i + r_i$.

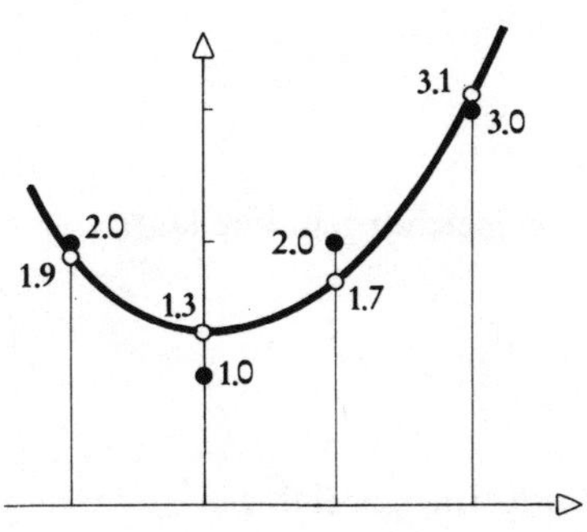

Bild 9.1
Ausgleichsparabel

9.4 Unterbestimmte lineare Gleichungssysteme

Das lineare Gleichungssystem

(2) $$By = b$$

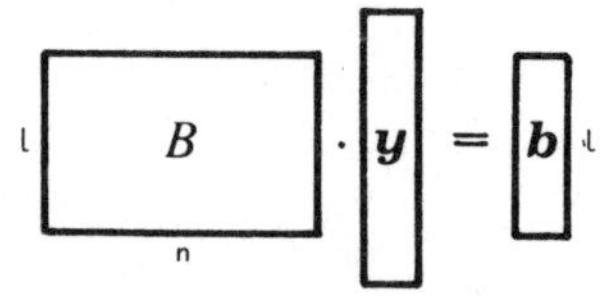

mit einer „breiten" l, n-Matrix B, $n > l$, hat nur dann Lösungen, falls $\operatorname{rang} B = \operatorname{rang}[B, b]$ ist. Unter allen Lösungen interessiert meist die, die nahe einem gegebenen p liegt. Dabei mißt man den Abstand $\|y - p\|$ in einer geeigneten Norm. Eine derartige Bestimmung von y nennt man **bedingtes Ausgleichen.**

Die Verwendung der euklidischen Norm $\|y - p\|_2$ führt auch hier auf eine Lösung, die schon Gauß in der Landesvermessung benutzt hat. Hat B maximalen Rang l, so gilt:

Satz 2: $\|y - p\|_2$ ist minimal für $y - p = B^T t$.

Zum Beweis betrachtet man neben y eine zweite Lösung $y' := y + d$ von (2). Für sie gilt $Bd = o$ und

$$\|y' - p\|_2^2 = [y - p]^T [y - p] + 2\, d^T [y - p] + d^T d,$$

und wegen

$$d^T [y - p] = d^T B^T t = o^T t = 0$$

dann

$$\|y' - p\|_2^2 > \|y - p\|_2^2 \qquad \text{für alle} \qquad d \neq o$$

und damit für alle $y' \neq y$.

Aus $y - p = B^T t$ aber folgt durch Einsetzen von y in (2)

$$BB^T t = b - Bp$$

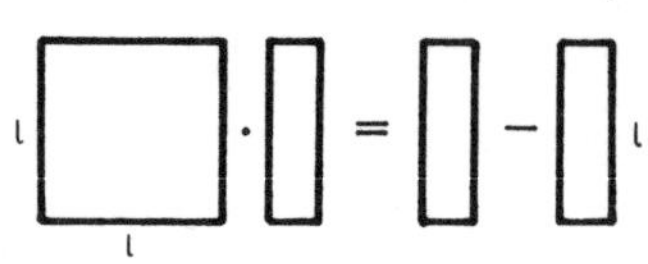

Auch diese Gleichungen heißen nach Gauß **Normalgleichungen**, ihre Matrix ist ebenfalls symmetrisch und positiv definit.

Die Darstellung

$$y = p + B^T t$$

heißt **Korrelatengleichung.** Mit der Lösung t der Normalgleichungen ist damit y bestimmt.

Bemerkung 2: Man kann die Normalgleichungen, die i.a. keine gute Kondition haben, mit einer Cholesky-Zerlegung von BB^T lösen.

9.5 Anwendung

Unterbestimmte lineare Gleichungssysteme treten u.a. auf, wenn Daten p_i aus theoretischen Gründen linearen Bedingungen genügen müssen, wie etwa die Ströme in einem Netzwerk oder die Winkel in einer Triangulation. Man sucht dann Werte y_i, die diesen Bedingungen genügen und den p_i möglichst nahe kommen.

Beispiel 2: Für vier äquidistante Stützstellen einer Parabel gilt nach **22.1**

$$y_1 - 3y_2 + 3y_3 - y_4 = 0.$$

Es sollen die y_i einer Parabel bestimmt werden, die nahe den äquidistant gemessenen Werten

$$p_i = 2, 1, 2, 3$$

liegen. Es ist $B = [1, -3, 3, -1]$, $\boldsymbol{b} = 0$ und damit $BB^T = 20$. $\boldsymbol{t}$ hat nur eine Komponente $t = -0.1$. Somit wird

$$\boldsymbol{y} = \boldsymbol{p} + B^T\boldsymbol{t} = [1.9, 1.3, 1.7, 3.1]^T.$$

Die Parabel zeigt Bild 9.1.

9.6 Geometrische Bedeutung und Dualität

Die Sätze 1 und 2 lassen folgende geometrische Deutung im euklidischen Raum $\mathbb{E}^n$ zu:

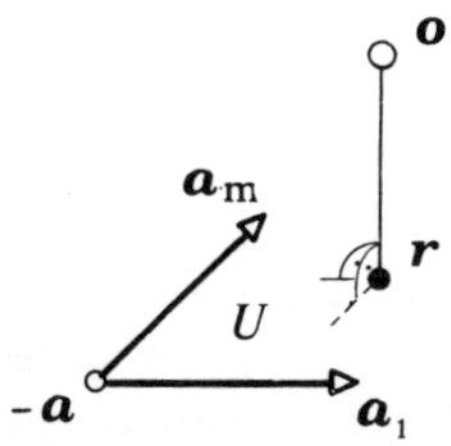

Bild 9.2
Vermittelndes Ausgleichen

$A^T\boldsymbol{r} = \mathbf{o}$ heißt: $\boldsymbol{r}$ ist Fußpunkt des Lotes von $\mathbf{o}$ auf den Unterraum U mit der Darstellung $\boldsymbol{r} = A\boldsymbol{x} - \boldsymbol{a}$.

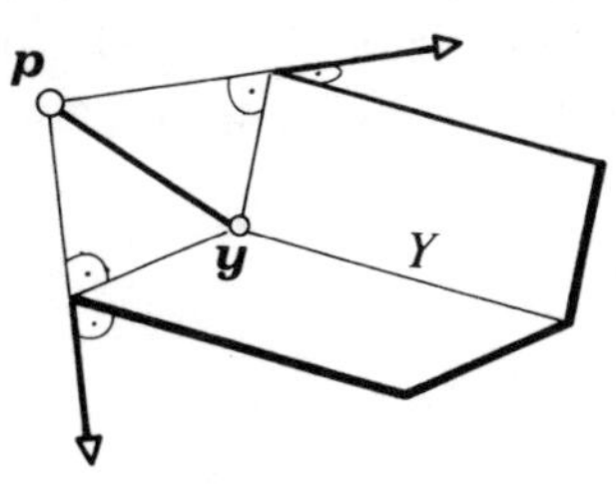

Bild 9.3
Bedingtes Ausgleichen

$y - p = B^T t$ heißt: y ist Fußpunkt des Lotes von p auf den Unterraum Y mit der Darstellung $By = b$.

In beiden Fällen, dem vermittelnden Ausgleichen und dem bedingten Ausgleichen, ist aus einem Punkt das Lot auf einen Unterraum zu fällen. Beide unterscheiden sich nur in der Art der Darstellung der Unterräume. Es ist eine Aufgabe der Analytischen Geometrie, die eine in die andere **duale Form** zu überführen.

Zwei Ausgleichsprobleme (1) und (2) sind z.B. unmittelbar **dual** zueinander, falls

$$m + l = n, \quad b = o, \quad BA = O \text{ und } p = a$$

ist.

Beispiel 3: Die beiden Beispiele *1* und *2* sind offensichtlich duale Versionen desselben Problems.

9.7 Aufgaben und Ergänzungen

1. Die Normalgleichungen für Beispiel *1* lauten

$$\begin{bmatrix} 4 & 2 & 6 \\ 2 & 6 & 8 \\ 6 & 8 & 18 \end{bmatrix} \begin{bmatrix} c_0 \\ c_1 \\ c_2 \end{bmatrix} = \begin{bmatrix} 8 \\ 6 \\ 16 \end{bmatrix}.$$

2. Die Cholesky-Zerlegung für die Normalgleichungen des Beispiels *1* liefert

$$\begin{bmatrix} 2 & 1 & 3 \\ 0 & \sqrt{5} & \sqrt{5} \\ 0 & 0 & 2 \end{bmatrix} \begin{bmatrix} c_0 \\ c_1 \\ c_2 \end{bmatrix} = \begin{bmatrix} 4 \\ 0{,}4\sqrt{5} \\ 1 \end{bmatrix}.$$

3. Die Verwendung der Maximumnorm hat Tschebyscheff betrachtet. Sie führt auf Systeme linearer Ungleichungen, die in **10** betrachtet werden.
4. Ist $Ax - a = r = o$ „fast" lösbar, d.h. gilt für die „Lösung" x der Normalgleichungen $\|r\|_2 \ll \|a\|_2$, so werden relative Änderungen von a und A im wesentlichen mit dem Faktor $\operatorname{cond} A$ auf x übertragen, und es empfiehlt sich, die QR-Zerlegung von A zu benutzen.
5. Bei „großen" Residuen $r = Ax - a$ der „Lösung" x im Vergleich zu a werden relative Änderungen von a und A mit dem Faktor $\operatorname{cond} A^T A$ auf x übertragen. In diesem Fall wird die Lösung des Ausgleichsproblems bei Benutzung der Normalgleichungen etwa so genau wie mit der QR-Zerlegung. Daher ist die QR-Zerlegung grundsätzlich vorzuziehen.

10 Lineare Optimierung

In der Praxis taucht häufig das Problem auf, eine Funktion von m Variablen x_k zu maximieren, während die Variablen x_k gewissen Nebenbedingungen unterworfen sind. Der einfachste Fall ist der der **linearen Optimierung.**

10.1 Lineare Ungleichungen und lineares Programm

Die $\boldsymbol{x} \in \mathrm{IR}^m$, die einer linearen Ungleichung

$$y = \boldsymbol{a}^T \boldsymbol{x} + a \geq 0$$

genügen, bilden einen **Halbraum** des IR^m, der von der **Hyperebene** $y = 0$ berandet wird. Ist $a \geq 0$ so liegt $\boldsymbol{x} = \mathbf{o}$ in diesem Halbraum.

Die $\boldsymbol{x} \in \mathrm{IR}^m$, die einem System von l linearen Ungleichungen[1])

(1) $$\boldsymbol{y} = A\boldsymbol{x} + \boldsymbol{a} \geq \mathbf{o},$$

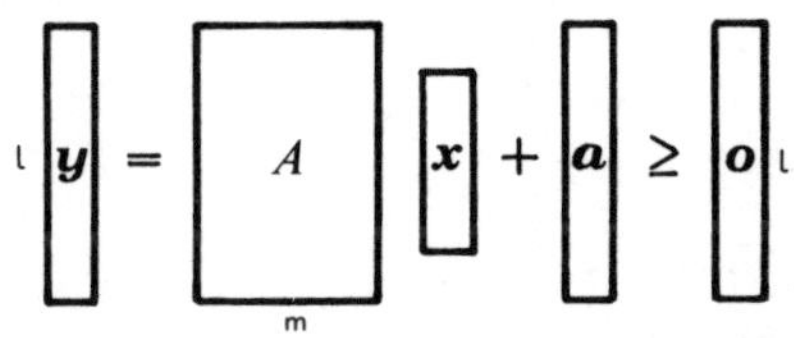

mit der l,m-Matrix A und der l-Spalte $\boldsymbol{a}$, genügen, bilden ein **Simplex** S. Es folgt unmittelbar: Der Durchschnitt zweier Simplexe ist ein Simplex, und damit: Ein Simplex ist **konvex**, d.h., mit zwei Punkten $\boldsymbol{s}, \boldsymbol{t}$ liegen alle Punkte der Strecke $[\boldsymbol{s}, \boldsymbol{t}]$ in S. Es sei $l > m$.

Ein Punkt des Simplex S, für den mindestens m linear unabhängige y_i verschwinden, heißt **Ecke** des Simplex. Eine Ecke ist **einfach**, falls dort genau m linear unabhängige y_i verschwinden. Führt man m solche y_i einer einfachen Ecke als neue Koordinaten ein, so bekommt (1) die einfachere **Normalform**

(2) $$\begin{aligned} \boldsymbol{y}_1 \qquad\quad &\geq \mathbf{o} \\ \boldsymbol{y}_2 = B\boldsymbol{y}_1 + \boldsymbol{b} &\geq \mathbf{o}. \end{aligned}$$

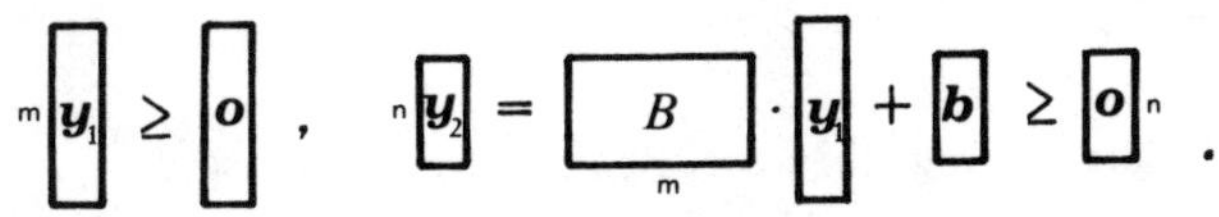

Dabei stehen die m y_i in $\boldsymbol{y}_1$, und ist $\boldsymbol{y}_1, \boldsymbol{y}_2$ eine Zerlegung von $\boldsymbol{y}$ in eine m- und eine n-Spalte mit $n := l - m$, B eine n,m-Matrix und $\boldsymbol{b}$ eine n-Spalte. Da $\boldsymbol{y}_1 = \mathbf{o}$ in S liegt, folgt $\boldsymbol{b} \geq \mathbf{o}$.

---

1) Das Zeichen $\geqslant$ gilt wie = komponentenweise.

Unter einem **linearen Programm** im $\mathbb{R}^m$ versteht man dann die Aufgabe, eine lineare **Zielfunktion**

(3) $$z := z^T x = c^T y_1 + c$$

unter l linearen Nebenbedingungen (1) oder (2) zu maximieren, d.h. einen Punkt des Simplex zu suchen, für den z maximal auf S ist. Die Punkte von S heißen in diesem Zusammenhang **zulässig**.

Das Lösungsprinzip ist einfach: Man bringt (1) auf die Normalform (2) und wechselt dann die Komponenten von y_1 einzeln gegen geeignete Komponenten von y_2 aus, bis schließlich z für keine Komponente von y_1 mehr zunimmt.

Zum Auswechseln der Variablen dient das Austauschverfahren **5.1** im Schema

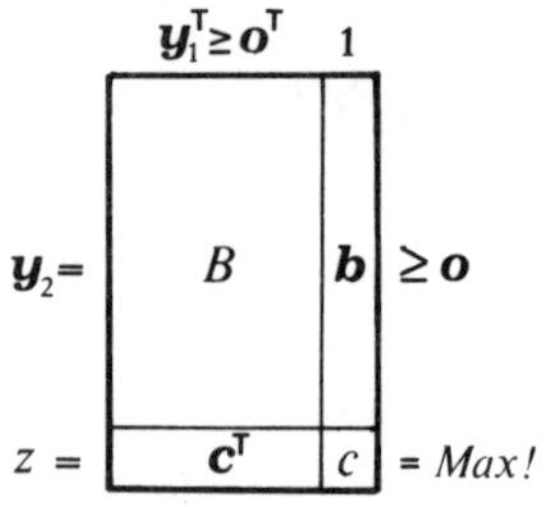

10.2 Eckentausch und Simplexverfahren

Die Normalform (2), (3) eines linearen Programms, das nur einfache Ecken besitzt, soll durch einen Tausch eines y_s von y_1 gegen ein y_r von y_2 in eine **äquivalente** Normalform mit $c' > c$ überführt werden. Mit $'$ werden die Elemente des Programms nach dem Tausch bezeichnet.

Damit auch $y_1' = o$ in S liegt, muß nach **5.1**

$$b_r' := \frac{-b_r}{b_{r,s}} > 0 \quad \text{und} \quad b_i' := b_i - \frac{b_{i,s}}{b_{r,s}} b_r > 0, \quad i \neq r$$

sein. Damit z in $y_1' = o$ größer als in $y_1 = o$ ist, muß nach **5.1**

$$c' := c - \frac{b_r c_s}{b_{r,s}} > c$$

sein. Beides ist der Fall, falls die folgenden drei Bedingungen erfüllt sind:

$$c_s > 0, \qquad b_{r,s} < 0, \qquad \frac{-b_r}{b_{r,s}} = \min_{b_{i,s} < 0} \frac{-b_i}{b_{i,s}}.$$

Bei der Suche des Pivots können folgende Fälle eintreten: Gibt es einen Pivot $b_{r,s}$, der den Bedingungen genügt, so kann y_s gegen y_r getauscht werden, man erhält eine zu (2), (3) äquivalente Normalform, in der erneut ein Pivot gesucht werden kann.

Gibt es aber kein $c_s > 0$, so ist $z \leq z(\mathbf{o})$ für alle $\mathbf{y}_1 \geq \mathbf{o}$, d.h. z ist mit $z = c$ in $\mathbf{y}_1 = \mathbf{o}$ maximal: $\mathbf{y}_1 = \mathbf{o}$ ist mit $\mathbf{y}_2 = \mathbf{b}$ eine **Lösung** des Problems. Ist ein $c_s = 0$, so ist in Richtung von y_s offenbar $z = c$ usf.

Gibt es aber für ein $c_s > 0$ kein $b_{r,s} < 0$, so ist $\mathbf{y}_2 > \mathbf{o}$ für alle Punkte der y_s-Achse mit $y_s > 0$; die Zielfunktion kann im Simplex beliebig groß werden, es gibt **keine Lösung.**

Man wiederholt daher den **Eckentausch,** bis kein Pivot mehr gefunden werden kann. Das tritt auch ein, da das Simplex höchstens $\binom{n+m}{m}$ Ecken hat und z bei jedem Eckentausch echt zunimmt, also keine Ecke zweimal auftreten kann:

Simplex

Gegeben: Normalform (2), (3) eines linearen Programms

Gesucht: Normalform mit $z = \text{Max}$ für $\mathbf{y}_1 = \mathbf{o}$

1 Suche $c_s > 0$,

2 falls alle $c_k \leq 0$: **Ende.**

3 Suche $\frac{-b_r}{b_{r,s}} := \min\limits_{b_{i,s} < 0} \frac{-b_i}{b_{i,s}}$,

4 falls alle $b_{i,s} \geq 0$: keine Lösung.

5 Mache **Austausch** r, s und

6 merke Vertauschung r, s.

7 Geh nach 1.

Beispiel 1: Es soll das folgende, durch sein Schema in Normalform gegebene lineare Programm gelöst werden. Die Pivotzeilen und -spalten sind markiert, rechts neben das Schema wurden die **Quotienten** $\frac{-b_i}{b_{i,s}}$ für $b_{i,s} < 0$ angeschrieben:

	y_1	y_2	1			
$y_3 =$	1	−2	4	≥ 0	$\frac{4}{2}$	◀
$y_4 =$	−1	−1	8	≥ 0	$\frac{8}{1}$	
$z =$	1	4	0			
		▲				

Ein Tausch von y_3 gegen y_2 liefert das neue Schema

	y_1	y_3	1		
$y_2 =$	$\frac{1}{2}$	$-\frac{1}{2}$	2	≥ 0	
$y_4 =$	$-\frac{3}{2}$	$\frac{1}{2}$	6	≥ 0	$\frac{12}{3}$ ◀
$z =$	3	-2	8		
	▲				

und ein weiterer Tausch von y_1 gegen y_4

	y_4	y_3	1	
$y_2 =$	$-\frac{1}{3}$	$-\frac{1}{3}$	4	≥ 0
$y_1 =$	$-\frac{2}{3}$	$\frac{1}{3}$	4	≥ 0
$z =$	-2	-1	20	.

Es gibt kein $c_s > 0$ mehr: Das lineare Programm besitzt daher die Lösung

$$y_4 = 0, \ y_3 = 0 \quad \text{mit} \quad y_2 = 4, \ y_1 = 4.$$

Dort nimmt z den maximalen Wert $c = 20$ an.

Die Figur zeigt das einfache Simplex:

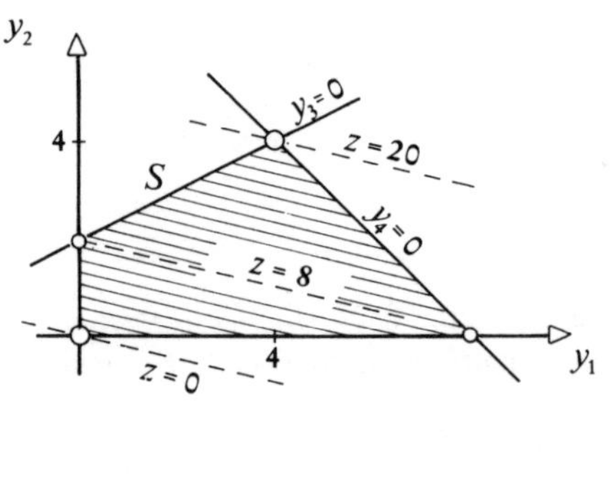

Bild 10.1
Simplexverfahren

10.3 Elimination

Die Elimination der x_k zur Überführung eines allgemeinen linearen Programms (1), (3) in eine äquivalente Normalform (2), (3) ist noch einfacher als das Simplexverfahren.

Man macht zunächst einen zulässigen Punkt zum Ursprung $\boldsymbol{x} = \mathbf{o}$, damit ist $\boldsymbol{a} \geq \mathbf{o}$. Dann tauscht man die x_s gegen geeignete y_r aus und ordnet zweckmäßig die getauschten x_k vor den noch ungetauschten y_i an.

Damit ein x_s, $s = 1, \dots, m$, gegen ein y_r ausgetauscht werden kann, muß analog **5.1** nur

$$a_i - \frac{a_{i,s}}{a_{r,s}} a_r \geq 0; \quad r \geq s,\ i \geq s \ \text{ aber } \ i \neq r \ \text{ und } \ \frac{a_{i,s}}{a_{r,s}} > 0$$

sein. Im allgemeinen gibt es zwei Pivots $a_{r,s}$, die diese Bedingungen erfüllen.

Sind alle x_s getauscht, zerfällt das allgemeine Programm (1), (3) in die Darstellung der $\boldsymbol{x}$

$$\boldsymbol{x} = P\boldsymbol{y}_1 + \boldsymbol{p}$$

mit einer m,m-Matrix P und einer (nicht notwendig positiven) m-Spalte $\boldsymbol{p}$, und die Normalform (2), (3):

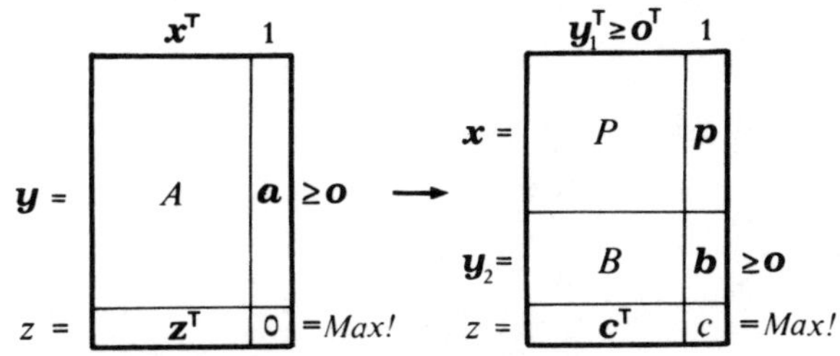

Beispiel 2: Das folgende durch sein Schema gegebene lineare Programm soll durch Elimination der x_k in eine äquivalente Normalform überführt werden:

	x_1	x_2	1	
$y_1 =$	4	−1	1	≥ 0
$y_2 =$	10	−2	1	≥ 0
$y_3 =$	−4	1	1	≥ 0
$y_4 =$	−10	2	1	≥ 0
$z =$	1	0	0	= Max!

Es ist $\boldsymbol{a} \geq \mathbf{o}$, und man darf x_1 gegen y_4 und dann x_2 gegen y_1 austauschen. Das gegebene Schema zerfällt in

	y_4	y_1	1
$x_2 =$	−2	−5	7
$x_1 =$	−0.5	−1	1.5

und

	y_4	y_1	1	
$y_2 =$	−1	0	2	≥ 0
$y_3 =$	0	−1	2	≥ 0
$z =$	−0.5	−1	1.5	= Max!

Da kein $c_s > 0$ ist, kann z nicht weiter vergrößert werden. Das lineare Programm besitzt daher die Lösung

$$y_1 = y_4 = 0 \text{ mit } y_2 = 2, y_3 = 2, x_2 = 7, x_1 = 1.5 \text{ und } \text{Max } z = 1.5.$$

10.4 Ausgleichen nach Tschebyscheff

Lineare Programme treten auch bei der Lösung überbestimmter linearer Gleichungssysteme[1])

(4) $\quad \boldsymbol{Ax} - \boldsymbol{a} = \boldsymbol{r} \neq \mathbf{o}$

nach Tschebyscheff auf. Dabei wird die Maximumnorm

$$r := \|\boldsymbol{r}\|_\infty := \max_i |r_i|$$

des Residuums minimiert. Dafür kann man auch schreiben

$$-r_i \leq r; \quad r_i \leq r; \quad r = \text{Minimum}$$

oder zusammen mit (4) und $\boldsymbol{e} := [1, \dots, 1]^T$:

$$\begin{aligned} +\boldsymbol{Ax} - \boldsymbol{a} &\leq \boldsymbol{e}r \\ -\boldsymbol{Ax} + \boldsymbol{a} &\leq \boldsymbol{e}r \\ r &= \text{Min!} \end{aligned}$$

Das ist ein Optimierungsproblem, das noch auf die Form (1), (3) gebracht werden muß: Wegen $r > 0$ können durch

$$x_0 := \frac{1}{r}, \quad \bar{x}_i := \frac{1}{r} x_i$$

neue Koordinaten eingeführt werden. In ihnen hat das Problem die Gestalt

$$\begin{aligned} +\boldsymbol{a}x_0 - \boldsymbol{A}\bar{\boldsymbol{x}} + \boldsymbol{e} &\geq \mathbf{o} \\ -\boldsymbol{a}x_0 + \boldsymbol{A}\bar{\boldsymbol{x}} + \boldsymbol{e} &\geq \mathbf{o} \\ z = x_0 \qquad &= \text{Max!} \end{aligned}$$

Sie stimmt bis auf die Bezeichnungen mit der in (1), (3) überein, insbesondere liegt $x_0 = 0$, $\bar{\boldsymbol{x}} = \mathbf{o}$ in S, und das Problem kann daher durch die Elimination der $x_0, \bar{\boldsymbol{x}}$ in Normalform überführt und durch den Algorithmus **Simplex** gelöst werden. Damit ist

$$\boldsymbol{x} = \bar{\boldsymbol{x}} \frac{1}{x_0} \quad \text{und} \quad r = \frac{1}{x_0}.$$

Beispiel 3: Als einfaches Beispiel werde das überbestimmte lineare Gleichungssystem

$$\begin{aligned} x - 4 &= r_1 \\ 2x - 10 &= r_2 \end{aligned}$$

---

[1]) Die Bezeichnung schließt sich an die in **9** an!

betrachtet. Das zugehörige allgemeine lineare Programm zeigt das Schema

	x_0	$\bar{x}_1$	1	
$y_1 =$	4	−1	1	≥ 0
$y_2 =$	10	−2	1	≥ 0
$y_3 =$	−4	1	1	≥ 0
$y_4 =$	−10	2	1	≥ 0
$z =$	1	0	0	= Max!

Es wurde mit anderer Bezeichnung der x_k bereits als Beispiel *2* gelöst. Mit

$$x_0 = 1.5 \quad \text{und} \quad \bar{x}_1 = 7$$

wird $$x = \frac{7}{1.5} = 4.67 \quad \text{bei} \quad r = \frac{1}{1.5} = 0.67.$$

10.5 Aufgaben und Ergänzungen

1. Die Elimination der $\boldsymbol{x}$ und der Algorithmus **Simplex** haben folgende anschauliche Bedeutung: Man sucht zunächst eine Ecke des Simplex und von dort aus einen Kantenzug, auf dem z zunimmt, bis z maximal ist.

2. Im Fall mehrfacher Ecken, durch die mehr als m Hyperebenen gehen, muß $a_i \geq 0$ zugelassen werden.

3. Lineare Gleichungen

   $$\boldsymbol{a}^T\boldsymbol{x} + a = 0$$

   lassen sich als Paare von Ungleichungen

   $$-\boldsymbol{a}^T\boldsymbol{x} - a \geq 0$$
   $$+\boldsymbol{a}^T\boldsymbol{x} + a \geq 0$$

   schreiben.

4. Der Austausch von v_s gegen u_r in

   $$-\boldsymbol{v} = A^T\boldsymbol{u}$$

   (das negative Vorzeichen wird nicht mitgetauscht) erfolgt durch den gleichen Algorithmus für das Schema der $a_{i,k}$ wie der Austausch von x_s gegen y_r in

   $$\boldsymbol{y} = A\boldsymbol{x}$$

   (Dualität des Austauschverfahrens).

5. Der Algorithmus **Simplex** für das lineare Programm

$$\begin{aligned} \boldsymbol{y}_1 \quad & \geq \mathbf{o} \\ \boldsymbol{y}_2 = B\ \boldsymbol{y}_1 + \boldsymbol{b} & \geq \mathbf{o} \\ z = \boldsymbol{c}^T \boldsymbol{y}_1 + c & = \text{Max!} \end{aligned}$$

löst auch das dazu **duale Programm**

$$\begin{aligned} \boldsymbol{v}_2 \quad & \leq \mathbf{o} \\ \boldsymbol{v}_1 = -B^T \boldsymbol{v}_2 + \boldsymbol{c} & \leq \mathbf{o} \\ w = -\boldsymbol{b}^T \boldsymbol{v}_2 + c & = \text{Min!} \end{aligned}$$

Beide Schemata unterscheiden sich nur in der äußeren Beschriftung:

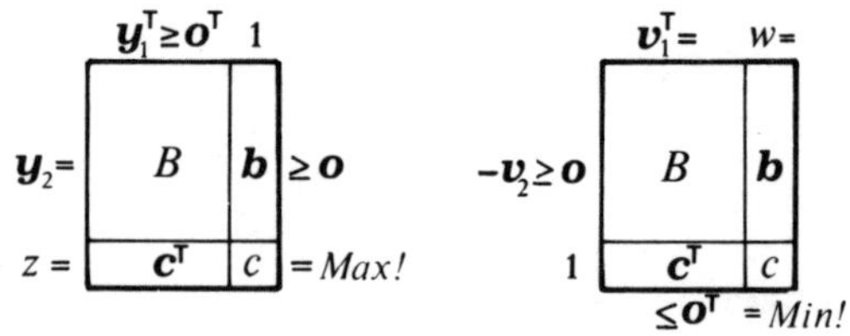

Daher ist nur die geometrische Deutung unterschiedlich.

6. Die Normalform eines linearen Programms (2), (3) kann auch so geschrieben

$$\begin{aligned} -\boldsymbol{y}_1 \quad & \leq \mathbf{o} \\ -\boldsymbol{y}_2 = -B\ \boldsymbol{y}_1 - \boldsymbol{b} & \leq \mathbf{o} \\ -z = -\boldsymbol{c}^T \boldsymbol{y}_1 - c & = \text{Min!} \end{aligned}$$

und in dualer Form gelöst werden.

III Iteration

Nicht alle Probleme lassen eine direkte Bestimmung der Lösung zu. In vielen Fällen ist man auf eine Verbesserung einer Näherungslösung angewiesen. Die wiederholte Verbesserung einer solchen Näherung nennt man **Iteration**. Die Relaxation in **8** war bereits ein Beispiel für eine solche iterative Lösung eines Problems.

11 Vektoriteration

Eine Reihe von Problemen besitzt nur für bestimmte Werte eines Parameters Lösungen. Diese Werte heißen „Eigenwerte des Problems". Eine häufig vorkommende Aufgabe ist in diesem Zusammenhang die Bestimmung der Eigenwerte und Eigenvektoren einer Matrix.

11.1 Das Eigenwertproblem für Matrizen

Das homogene lineare Gleichungssystem

(1) $$[A - \lambda E]\,\boldsymbol{x} = \mathbf{o}$$

mit der n, n-Matrix A besitzt bekanntlich nur dann nichttriviale Lösungen $\boldsymbol{x} \neq \mathbf{o}$, wenn

$$\det [A - \lambda E] = 0$$

ist. Diese Gleichung heißt die **charakteristische Gleichung** von A, die linke Seite ist ein **Polynom** vom Grade n in λ, seine n Wurzeln $\lambda_1, \ldots, \lambda_n$ heißen **Eigenwerte** von A. Nur für diese λ_i besitzt

$$[A - \lambda_i E]\,\boldsymbol{x}_i = \mathbf{o}$$

Lösungen $\boldsymbol{x}_i \neq \mathbf{o}$, sie heißen **Eigenvektoren** von A zu den λ_i.

Die Eigenvektoren $\boldsymbol{x}_i$ werden bei der linearen Abbildung $\boldsymbol{x} \mapsto A\boldsymbol{x}$ mit dem Faktor λ_i versehen:

$$A\boldsymbol{x}_i = \boldsymbol{x}_i \lambda_i.$$

Schon daraus folgt, daß die Eigenwerte einer linearen Abbildung unabhängig von der Basis sind. Führt man nämlich durch $\boldsymbol{x} = B\overline{\boldsymbol{x}}$ mit der regulären n, n-Matrix B neue Koordinaten $\overline{\boldsymbol{x}}$ ein, so ist (1) äquivalent zu

$$B^{-1}[A - \lambda E]\,B\overline{\boldsymbol{x}} = \mathbf{o}$$

und zu

$$[B^{-1}AB - \lambda E]\,\overline{\boldsymbol{x}} = \mathbf{o}.$$

Die Matrizen A und $\overline{A} := B^{-1}AB$ heißen **ähnlich**. Wegen

$$\det B^{-1}[A - \lambda E]\,B = \det [A - \lambda E]$$

besitzen A und $\bar{A}$ dieselben Eigenwerte λ_i, für die zugehörigen Eigenvektoren gilt $\boldsymbol{x}_i = B\bar{\boldsymbol{x}}_i$.

Bemerkung 1: Auch bei reellen Matrizen können Eigenwerte und Eigenvektoren komplex sein, sie treten dann jedoch nur in konjugiert komplexen Paaren auf.

11.2 Die Modalmatrix

Hat die charakteristische Gleichung von A eine p-fache Wurzel λ_j, so ist nach einem Satz der Linearen Algebra die Dimension des von den zugehörigen Eigenvektoren $\boldsymbol{x}_j$ aufgespannten Raumes höchstens p. Hier soll immer vorausgesetzt werden, daß die Dimension gleich p ist. Dann gibt es zu den n Eigenwerten λ_i n linear unabhängige Eigenvektoren $\boldsymbol{x}_i$, die zu einer regulären n,n-Matrix

$$X := [\boldsymbol{x}_1, \dots, \boldsymbol{x}_n],$$

der **Modalmatrix**, zusammengefaßt werden können.

Damit gilt mit der Diagonalmatrix

$$\Lambda := \begin{bmatrix} \lambda_1 & & 0 \\ & \ddots & \\ 0 & & \lambda_n \end{bmatrix}$$

der Eigenwerte λ_i

$$A\,[\boldsymbol{x}_1, \dots, \boldsymbol{x}_n] = [\boldsymbol{x}_1, \dots, \boldsymbol{x}_n]\,\Lambda,$$

das heißt

$$AX = X\Lambda.$$

11.3 Vektoriteration nach von Mises

Der naheliegende Versuch, die Eigenwerte einer Matrix A über das charakteristische Polynom zu berechnen, ist nicht zu empfehlen. Meist hängen die Eigenwerte nämlich wesentlich empfindlicher von den Koeffizienten des charakteristischen Polynoms als von den Elementen der Matrix A selbst ab. Man bestimmt daher die Eigenwerte besser „direkt". Das klassische Verfahren einer solchen direkten Bestimmung hat von Mises angegeben.

Man bestimmt, ausgehend von einem **Startvektor** $\boldsymbol{y}_0 \neq \boldsymbol{o}$, eine Folge von Vektoren

$$\boldsymbol{y}_k := A\boldsymbol{y}_{k-1}, \quad k = 1, 2, \dots .$$

Dabei ist von Zeit zu Zeit eine Normierung

$$\boldsymbol{y}_k := \boldsymbol{y}_k \frac{1}{\|\boldsymbol{y}_k\|}$$

mit einer geeigneten Norm $\|\cdot\|$ einzuschieben. Es gilt

Satz 1: Besitzt A genau einen einfachen betragsgrößten Eigenwert λ_1 und ist y_0 ein geeigneter Startvektor, so konvergiert die Folge der

$$y_k \cdot \frac{1}{\| y_k \|}$$

gegen den normierten Eigenvektor x_1 zum Eigenwert λ_1.

Der Beweis läßt sich besonders einfach führen, wenn es, wie vorausgesetzt, n linear unabhängige Eigenvektoren gibt, so daß y_0 die eindeutige Darstellung

$$y_0 = Xc \quad \text{mit} \quad c := [c_1, \dots, c_n]^T$$

hat. Es wird weiter vorausgesetzt, daß insbesondere $c_1 \neq 0$ sei. Dann ist

$$y_1 = Ay_0 = AXc = X\Lambda c = X\Lambda_1 c\lambda_1$$

mit

$$\Lambda_1 := \frac{1}{\lambda_1}\Lambda = \begin{bmatrix} 1 & & & 0 \\ & \frac{\lambda_2}{\lambda_1} & & \\ & & \ddots & \\ 0 & & & \frac{\lambda_n}{\lambda_1} \end{bmatrix}.$$

Nach k Schritten ist

$$\frac{y_k}{\| y_k \|} = \frac{X\Lambda_1^k c}{\| X\Lambda_1^k c \|}.$$

Wegen $\left| \frac{\lambda_i}{\lambda_1} \right| < 1$ für $i \neq 1$ konvergiert Λ_1^k gegen eine Matrix $[e_1, \mathbf{o}, \dots, \mathbf{o}]$, die nur in der linken oberen Ecke eine 1 besitzt und sonst aus Nullen besteht. Damit konvergiert $X\Lambda_1^k c$ im Fall $c_1 \neq 0$ gegen $x_1 c_1$ und $y_k \frac{1}{\| y_k \|}$ gegen den normierten Eigenvektor x_1 zum dominierenden Eigenwert λ_1.

Daraus folgt sofort für große $k = N$

$$y_N := Ay_{N-1} \approx y_{N-1}\lambda_1,$$

und mit einer beliebigen Norm oder durch Multiplikation mit y_N^T:

Korollar 1: Es gilt $\lim\limits_{N \to \infty} \frac{\| y_N \|}{\| y_{N-1} \|} = |\lambda_1|$.

Korollar 2: Es gilt $\lim\limits_{N \to \infty} \frac{y_N^T y_N}{y_N^T y_{N-1}} = \lambda_1$.

Der letzte Quotient heißt Schwarz'scher Quotient.

Mit Verwendung der einfachen Maximumnorm $\|\cdot\|_\infty$ zur Bestimmung der Schrittzahl bei der Iteration von Hand lautet der Algorithmus

Klassische Vektoriteration

Gegeben:	A n,n-Matrix, $\boldsymbol{y}_0$ n-Spalte; N maximale Schrittzahl, $\epsilon > 0$ Toleranz
Gesucht:	λ_1 Eigenwert, $\lvert\lambda_1\rvert > \lvert\lambda_{i\neq 1}\rvert$, $\boldsymbol{x}_1$ Eigenvektor zu λ_1

1 Setze $\nu_0 := \|\boldsymbol{y}_0\|_\infty$.

2 Für $k = 1, 2, \ldots, N$

3 setze $\boldsymbol{y}_{k-1} := \boldsymbol{y}_{k-1} \dfrac{1}{\nu_{k-1}}$,

4 bestimme $\boldsymbol{y}_k := A\boldsymbol{y}_{k-1}$

5 und $\nu_k := \|\boldsymbol{y}_k\|_\infty$.

6 Falls $\|\boldsymbol{y}_k \,(\mp)\, \boldsymbol{y}_{k-1}\nu_k\|_\infty \leq \epsilon$: Geh nach 7.

7 Setze $\boldsymbol{x}_1 := \boldsymbol{y}_k \dfrac{1}{\nu_k}$

8 und $\lambda_1 := \dfrac{\boldsymbol{y}_k^T \boldsymbol{y}_k}{\boldsymbol{y}_k^T \boldsymbol{y}_{k-1}}$.

Im Falle $k = N$ bricht der Algorithmus ab, ohne daß i.a. $\boldsymbol{y}_N \approx \boldsymbol{y}_{N-1}\lambda_1$ ist.

Bemerkung 2: Es ist in der Praxis kaum nachprüfbar, ob $c_1 \neq 0$ ist. Das ist aber auch uninteressant, da das Gegenteil $c_1 = 0$ in einer Rechenanlage i.a. weder exakt dargestellt wird noch durch Rundungsfehler erhalten bleibt.

11.4 Inverse Iteration

Ist A regulär, so existiert A^{-1} und alle Eigenwerte sind von Null verschieden. Dann folgt aus $A\boldsymbol{x}_i = \boldsymbol{x}_i\lambda_i$

$$\boldsymbol{x}_i\lambda_i^{-1} = A^{-1}\boldsymbol{x}_i.$$

Das heißt: Ist $\boldsymbol{x}_i$ Eigenvektor von A zum Eigenwert λ_i, so ist $\boldsymbol{x}_i$ auch Eigenvektor von A^{-1} zum Eigenwert λ_i^{-1}.

Besitzt insbesondere A genau einen betragskleinsten Eigenwert λ_n, so ist λ_n^{-1} betragsgrößter Eigenwert von A^{-1}, und kann nach **11.3** berechnet werden.

Dazu bestimmt man die Folge

$$\text{(2)} \qquad \boldsymbol{y}_k := A^{-1}\boldsymbol{y}_{k-1}, \quad k = 1, 2, \ldots,$$

wobei man wieder y_k gelegentlich normiert. Es ist numerisch jedoch zweckmäßig, (2) durch das lineare Gleichungssystem

$$A y_k = y_{k-1}$$

für die Unbekannte y_k zu ersetzen. Man löst es mit Hilfe einer LR-Zerlegung von A, die (zusammen mit P) für alle k einmal bereitgestellt wird. Der Algorithmus lautet damit:

Inverse Iteration

Gegeben: A n,n-Matrix, regulär, $A = LR$;
y_0 n-Spalte, N max. Schrittzahl, $\epsilon > 0$ Toleranz

Gesucht: λ_n Eigenwert, $|\lambda_n| < |\lambda_{i \neq n}|$,
x_n Eigenvektor zu λ_n

1 Setze $\nu_0 := \|y_0\|_\infty$.

2 Für $k = 1, 2, \dots, N$

3 setze $y_{k-1} := y_{k-1} \dfrac{1}{\nu_{k-1}}$.

4 Löse $LR\, y_k = y_{k-1}$.

5 Bestimme $\nu_k := \|y_k\|_\infty$.

6 Falls $\|y_k \,(\mp)\, y_{k-1} \nu_k\|_\infty \leq \epsilon$: Geh nach 7.

7 Setze $x_n := y_k \dfrac{1}{\nu_k}$

8 und $\lambda_n := \dfrac{y_k^T y_{k-1}}{y_k^T y_k}$.

Bemerkung 3: Für große $k = N$ ist $A y_N = y_{N-1} \approx y_N \lambda_n$ und daher

$$|\lambda_n| \approx \frac{\|y_{N-1}\|_\infty}{\|y_N\|_\infty} = \frac{1}{\nu_N}.$$

Beispiel 1: Die Tabelle zeigt die Spalten $\dfrac{y_k}{\|y_k\|_\infty}$, $k = -3, \dots, 3$, für die Iteration $y_k = A y_{k-1}$ mit der Matrix

$$A = \begin{bmatrix} 1 & 1 & 0 \\ 4 & -1 & 1 \\ 0 & -1 & 1 \end{bmatrix} = \begin{bmatrix} 1 & & \\ 4 & 1 & \\ 0 & 0.2 & 1 \end{bmatrix} \begin{bmatrix} 1 & 1 & 0 \\ & -5 & 1 \\ & & 0.8 \end{bmatrix} = LR$$

und $y_0 = [0, 1, 1]^T$:

$$\begin{array}{cccccccccc} -\infty & & -3 & -2 & -1 & k=0 & 1 & 2 & 3 & & k\to\infty \\ \begin{bmatrix}-0.25\\0\\1\end{bmatrix} & \cdots & \begin{bmatrix}-0.2\\0\\1\end{bmatrix} & \begin{bmatrix}-0.2\\0.2\\1\end{bmatrix} & \begin{bmatrix}0\\0\\1\end{bmatrix} & \begin{bmatrix}0\\1\\1\end{bmatrix} & \begin{bmatrix}1\\0\\0\end{bmatrix} & \begin{bmatrix}0.25\\1\\0\end{bmatrix} & \begin{bmatrix}1\\0\\-0.8\end{bmatrix} & \therefore & \begin{bmatrix}0.33\\1\\-0.33\end{bmatrix} \begin{bmatrix}1\\0\\-1\end{bmatrix}. \end{array}$$

Offenbar konvergiert die Folge nach links (für $k < 0$) gegen $x_3 = [-0.25, 0, 1]^T$, divergiert aber nach rechts; es gibt keinen dominanten Eigenwert. Für λ_3 ergibt sich mit den Indizes der Tabelle

$$\frac{1}{\nu_{-3}} = 1 \quad \text{und} \quad \frac{y_{-3}^T y_{-2}}{y_{-3}^T y_{-3}} = 1.$$

11.5 Verbesserung einer Näherung

Die Matrix $B := A - \lambda_0 E$ besitzt offenbar die Eigenwerte $\mu_i := \lambda_i - \lambda_0$, wobei λ_i die Eigenwerte von A sind. Kennt man daher einen Näherungswert λ_0 für einen Eigenwert λ_j von A, der deutlich näher an λ_j liegt als an den übrigen λ_i, d.h. ist

$$|\lambda_i - \lambda_0| > |\lambda_j - \lambda_0|, \quad i \neq j,$$

so hat B den Eigenwert $\mu_j := \lambda_j - \lambda_0$ zum betragskleinsten Eigenwert, der mittels der inversen Vektoriteration **11.4** bestimmt werden kann.

Dieses auf Wielandt zurückgehende Verfahren führt auf ein sehr schnell konvergentes Verfahren, wenn λ_0 nahe bei λ_j liegt. Man nennt es auch **gebrochene Iteration.** Die Abbildung $A \mapsto A - \lambda_0 E$ heißt **Spektralverschiebung**, da die Eigenwerte von A oft als **Spektrum** bezeichnet werden, das dabei um $-\lambda_0$ verschoben wird.

Die Eigenvektoren werden von der Spektralverschiebung nicht berührt.

Beispiel 2: Für die Matrix A des Beispiels *1* ist $\lambda_0 = -1$ eine Näherung für den Eigenwert $\lambda_2 = -2$. Damit wird

$$A - \lambda_0 E = \begin{bmatrix} 2 & 1 & 0 \\ 4 & 0 & 1 \\ 0 & -1 & 2 \end{bmatrix} = \begin{bmatrix} 1 & & \\ 2 & 1 & \\ 0 & 0.5 & 1 \end{bmatrix} \begin{bmatrix} 2 & 1 & 0 \\ & -2 & 1 \\ & & 1.5 \end{bmatrix}.$$

Die Tabelle zeigt die normierten Spalten für die Iteration $y_k = [A - \lambda_0 E]^{-1} y_{k-1}$ für $k = 0, \dots, 3$

$$\begin{array}{cccccc} k=0 & 1 & 2 & 3 & & \infty \\ \begin{bmatrix}0\\1\\0\end{bmatrix} & \begin{bmatrix}-0.5\\1\\0.5\end{bmatrix} & \begin{bmatrix}-0.3\\1\\0.3\end{bmatrix} & \begin{bmatrix}-0.35\\1\\0.35\end{bmatrix} & \cdots & \begin{bmatrix}-0.33\\1\\0.33\end{bmatrix}. \end{array}$$

$[A - \lambda_0 E]$ hat damit den betragskleinsten Eigenwert -1 und daher A den Eigenwert $\lambda_2 = \lambda_0 - 1 = -2$, zugehöriger Eigenvektor ist $x_2 = [-\frac{1}{3}, 1, \frac{1}{3}]^T$.

11.6 Aufgaben und Ergänzungen

1. Existiert keine Modalmatrix, so zerlegt man zum Beweis von Satz 1 y_0 in Eigen- und Hauptvektoren.
2. Im Verhältnis $|\lambda_1/\lambda_2|$ hat man ein Maß für die Güte der Konvergenz des Verfahrens in **11.3**.
3. Bei einem zweifachen betragsgrößten Eigenwert $\lambda_1 = \lambda_2$ strebt y_k gegen einen Eigenvektor $x_1 c_1 + x_2 c_2$ zu $\lambda_1 = \lambda_2$.
4. Bei zwei betragsgleichen verschiedenen betragsgrößten Eigenwerten $\lambda_1 = -\lambda_2$ strebt y_k alternierend gegen $x_1 c_1 \pm x_2 c_2$ (vgl. Beispiel *1*).
5. Durch eine Spektralverschiebung lassen sich die Beträge zweier betragsgleicher verschiedener Eigenwerte trennen (vgl. Beispiel *2*).
6. Der Rayleigh-Quotient $\dfrac{x^T A x}{x^T x}$ minimiert $f(\lambda) := \|Ax - x\lambda\|_2$.

12 Der LR-Algorithmus

Die klassische Vektoriteration bestimmt nur einzelne, betragsmäßig isolierte Eigenwerte, allerdings mit den zugehörigen Eigenvektoren. Es gibt aber auch Verfahren, die alle Eigenwerte, i.a. aber ohne Eigenvektoren, liefern.

12.1 Der Algorithmus von Rutishauser

Rutishauser hatte 1958 die Idee, die Faktoren der LR-Zerlegung einer regulären Matrix A in umgekehrter Reihenfolge miteinander zu multiplizieren und dieses Vorgehen zu wiederholen:

$$
\begin{aligned}
A =: A_1 =: L_1 R_1 \quad &, \quad A_2 := R_1 L_1 \\
&\vdots \\
A_k =: L_k R_k \quad &, \quad A_{k+1} := R_k L_k. \\
&\vdots
\end{aligned}
$$

Ist das möglich, d.h. existiert die LR-Zerlegung jeder Matrix $A_k = R_{k-1} L_{k-1}$, so zeigt sich:

(1) Die Matrizen A_k sind ähnlich zu A.

(2) Sind alle Eigenwerte von A von verschiedenem Betrag, so konvergieren die Matrizen L_k gegen die Einheitsmatrix E und die Matrizen R_k gegen eine obere Dreiecksmatrix R.

Daher stehen in der Diagonalen von R die Eigenwerte von A, i.a. sogar natürlich, d.h. der Größe nach, geordnet.

Dieses Vorgehen führt auf den folgenden Algorithmus

LR-Algorithmus

Gegeben: A n,n-Matrix, regulär, N; $\epsilon > 0$ Toleranz

Gesucht: $A := R$ Dreiecksmatrix ähnlich A

```
Für k = 1, 2, ... , N
        Zerlege A = LR
        falls keine Zerlegung möglich: Halt,
        falls ||L − E||∞ ≤ ε ||A||∞: Ende.
        Bilde A = RL
```

Der Algorithmus versagt, falls Eigenwerte betragsgleich sind, aber auch, falls eine der LR-Zerlegungen nicht existiert. Eine Pivotsuche würde die Ähnlichkeit zerstören und ist nicht erlaubt.

12.2 Der Konvergenzbeweis

Zunächst wird (1) bewiesen. Es ist offenbar

$$A_2 = R_1 L_1 = L_1^{-1} L_1 R_1 L_1 = L_1^{-1} A_1 L_1 .$$

Analog folgt

$$A_{k+1} = [L_1 \dots L_k]^{-1} A_1 [L_1 \dots L_k], \tag{3}$$

und damit die Ähnlichkeit (1).

Der heute meistens wiedergegebene Beweis von (2) geht auf Wilkinson zurück. Er beruht auf dem Vergleich zweier verschiedener Darstellungen der eindeutigen LR-Zerlegung von A^k.

1. Die LR-Zerlegung von A^k kann durch die L_k, R_k des LR-Algorithmus ausgedrückt werden. Nach (3) gilt

$$L_k R_k = A_k = [L_1 \dots L_{k-1}]^{-1} A_1 [L_1 \dots L_{k-1}]$$

und damit

$$[L_1 \dots L_{k-1}] L_k R_k [R_{k-1} \dots R_1] = A_1 [L_1 \dots L_{k-1}] [R_{k-1} \dots R_1].$$

Durch Induktion über k folgt dann

$$A^k = [L_1 \dots L_k] [R_k \dots R_1].$$

2. Eine andere Darstellung derselben Zerlegung erhält man nach etwas längerer Rechnung. Da die Eigenwerte λ_i von A von verschiedenem Betrage sind, existiert die Modalmatrix X, und es ist mit den Bezeichnungen aus **11**

$$X^{-1} A X = \Lambda, \quad |\lambda_1| > \dots > |\lambda_n| > 0.$$

Zur Vereinfachung des Beweises werde angenommen, daß die LR-Zerlegungen von X und $Y := X^{-1}$ existieren, es sei

$$X = L_x R_x, \qquad Y = L_y R_y.$$

Damit wird

$$A^k = X \Lambda^k Y = L_x R_x \Lambda^k L_y \Lambda^{-k} \Lambda^k R_y.$$

Das Produkt $\Lambda^k L_y \Lambda^{-k}$ ist eine linke Dreiecksmatrix, die aus L_y entsteht, indem man jedes Element i,j von L_y für $i > j$ mit dem Faktor $\left(\frac{\lambda_i}{\lambda_j}\right)^k$ versieht. Wegen $|\lambda_1| > \dots > |\lambda_n|$ gilt $\left|\frac{\lambda_i}{\lambda_j}\right| < 1$, so daß man

$$\Lambda^k L_y \Lambda^{-k} = E + \Delta_k \quad \text{mit} \quad \lim_{k \to \infty} \Delta_k = O$$

setzen kann. Dadurch wird

$$\begin{aligned} A^k &= L_x R_x [E + \Delta_k] \Lambda^k R_y \\ &= L_x [E + R_x \Delta_k R_x^{-1}] R_x \Lambda^k R_y. \end{aligned}$$

Auch die zweite geklammerte Matrix konvergiert gegen die Einheitsmatrix E. Daher existiert für genügend große k ihre LR-Zerlegung $L_{(k)} R_{(k)}$, wobei

$$\lim_{k \to \infty} L_{(k)} = E \quad \text{und} \quad \lim_{k \to \infty} R_{(k)} = E$$

ist. Man erhält so

$$(4) \qquad A^k = L_x L_{(k)} R_{(k)} R_x \Lambda^k R_y.$$

3. Aus einem Vergleich der beiden Darstellungen (3) und (4) und der Eindeutigkeit der LR-Zerlegung von A^k folgt

$$L_k = [L_1 \dots L_{k-1}]^{-1} [L_1 \dots L_k] = [L_x L_{(k-1)}]^{-1} [L_x L_{(k)}] = L_{(k-1)}^{-1} L_{(k)}.$$

Also konvergiert L_k gegen die Einheitsmatrix. Analog findet man

$$\begin{aligned} R_k &= [R_k \dots R_1] [R_{k-1} \dots R_1]^{-1} \\ &= [R_{(k)} R_x \Lambda^k R_y] [R_{(k-1)} R_x \Lambda^{k-1} R_y]^{-1} \\ &= R_{(k)} R_x \Lambda R_x^{-1} R_{(k-1)}^{-1}, \end{aligned}$$

d.h., R_k konvergiert gegen eine Rechtsdreiecksmatrix mit den Eigenwerten $\lambda_1, \dots, \lambda_n$ in der Diagonalen.
Sie sind sogar dem Betrage nach geordnet. Diese Eigenschaft geht jedoch verloren, wenn X und X^{-1} keine LR-Zerlegungen besitzen.

12.3 Betragsgleiche Eigenwertpaare

Im Falle eines Paares betragsgleicher Eigenwerte, z.B. $|\lambda_{j+1}| = |\lambda_j|$ versagt der Algorithmus. In der Matrix

$$D_k := \Lambda^k L_y \Lambda^{-k} = E + \Delta_k$$

konvergiert das Außendiagonalelement $d_{j+1,j}$ nicht gegen Null. Berücksichtigt man das, so führen nur wenig umfangreichere Überlegungen zu folgendem Ergebnis:
Für große k hat L_k auch außerhalb der Diagonalen noch ein von Null wesentlich verschiedenes Element $l_{j+1,j} =: l_k$

$$L_k = \begin{bmatrix} 1 & & & & \\ & \ddots & & & \\ & & 1 & & \\ & & l_k & 1 & \\ & & & & \ddots \\ & & & & & 1 \end{bmatrix}.$$

Daher hat für große k auch A_k unterhalb der Diagonalen ein nicht verschwindendes Element $a_{j+1,j} =: q_k$

$$A_k = L_k R_k = \begin{bmatrix} * & \cdots & * & * & \cdots & * \\ & \ddots & \vdots & \vdots & & \\ & & * & & & \\ & & q_k & * & & \\ & & & & \ddots & \\ & & & & & * \end{bmatrix}$$

und die Spalten j und $j + 1$ von A_k konvergieren nicht. Aus der Ähnlichkeit von A_k zu A aber folgt:

Die Diagonalelemente $a_{i,i}$, $i \neq j, j+1$ und die Eigenwerte der Untermatrix

$$\begin{bmatrix} a_{j,j} & a_{j,j+1} \\ a_{j+1,j} & a_{j+1,j+1} \end{bmatrix}$$

konvergieren gegen die Eigenwerte von A.

Beispiel 1: Es werde das Beispiel *1* von **11.4** betrachtet. Es ist

$$A_1 = \begin{bmatrix} 1 & 1 & 0 \\ 4 & -1 & 1 \\ 0 & -1 & 1 \end{bmatrix} = \begin{bmatrix} 1 & & \\ 4 & 1 & \\ 0 & 0.2 & 1 \end{bmatrix} \begin{bmatrix} 1 & 1 & 0 \\ & -5 & 1 \\ & & 0.8 \end{bmatrix} = L_1 R_1.$$

Man erhält nach 4 Schritten bei Rechnung mit 2 Stellen hinter dem Dezimalpunkt

$$A_5 = \begin{bmatrix} 1 & 1 & 0 \\ 3.04 & -1 & 1 \\ 0 & -0.05 & 1 \end{bmatrix}.$$

Näherungen für die ersten beiden Eigenwerte ergeben sich aus

$$\det \begin{bmatrix} 1-\lambda & 1 \\ 3.04 & -1-\lambda \end{bmatrix} = 0$$

zu $\lambda_1 = +2.01$, $\lambda_2 = -2.01$. Die Näherung $\lambda_3 = 1$ kann direkt abgelesen werden. Die exakten Werte sind $\lambda_1 = 2$, $\lambda_2 = -2$, $\lambda_3 = 1$.

Bemerkung 1: Der Algorithmus konvergiert sehr mäßig und ist sehr rechenaufwendig, er sollte daher nur bei Tridiagonalmatrizen verwendet werden, wie es z.B. beim QD-Verfahren **17** getan wird.

12.4 Aufgaben und Ergänzungen

1. Bei drei und mehr betragsgleichen Eigenwerten konvergieren drei und mehr entsprechende Spalten von A_k nicht. Die Eigenwerte stehen jedoch in der Diagonalen oder sind Eigenwerte drei- oder mehrreihiger Hauptuntermatrizen.
2. Analog dem LR-Algorithmus kann man einen **QR-Algorithmus** konstruieren (**Francis** 1961): Man setzt

   $$A_k = Q_k R_k, \quad A_{k+1} := R_k Q_k.$$

   Die QR-Zerlegung von A_k ist bei regulärem A immer möglich.
3. Sind alle Eigenwerte von verschiedenem Betrag, so konvergiert beim QR-Algorithmus nur die Diagonale von A_k gegen die (geordneten) Eigenwerte von A.
4. Sind 2 (und mehr) Eigenwerte von gleichem Betrage, so konvergieren beim QR-Algorithmus die Eigenwerte der zugehörigen Hauptuntermatrizen von A_k gegen diese Eigenwerte.

13 Eindimensionale Iteration

Die iterative Lösung eines Problems kann man als Bestimmung des Fixpunktes einer Abbildung auffassen. Für eine bestimmte Klasse von Abbildungen, die sogenannten **kontrahierenden Abbildungen,** lassen sich allgemeine Aussagen über das Konvergenzverhalten machen.

13.1 Kontrahierende Abbildungen

Eine Iterationsvorschrift in einer Variablen x läßt sich schreiben

$$x_{k+1} = f(x_k).$$

Die Frage, ob die damit konstruierte Folge x_k gegen einen **Fixpunkt** $s = f(s)$ konvergiert, hängt von f und dem Startwert x_0 ab.

Eine Abbildung $f: x \mapsto f(x)$ heißt **kontrahierend** im abgeschlossenen Intervall $I := [a, b]$, falls die folgenden beiden Bedingungen erfüllt sind:

1. Das Bild des Intervalls I liegt in I, d.h. es gilt

$$f(I) \subset I.$$

2. Es gibt eine **Lipschitzkonstante** $0 \leq L < 1$, so daß für alle Paare $x, y \in I$ gilt

$$|f(x) - f(y)| \leq L\,|x - y|.$$

Dann ist f auch stetig und es gilt der

Fixpunktsatz: Eine im Intervall $I = [a, b]$ kontrahierende Abbildung f besitzt in I genau einen Fixpunkt $s = f(s)$. Er ist Grenzwert der Folge $x_{k+1} = f(x_k)$ für jeden Startwert $x_0 \in I$.

Der Beweis erfolgt in drei Schritten:

Konvergenz: Für den Abstand $|x_{k+1} - x_k|$ gilt wegen der zweiten Bedingung

$$|x_{k+1} - x_k| \leq L\;|x_k - x_{k-1}| \leq \ldots \leq L^k\,|x_1 - x_0|.$$

Für $n > k$ ist demnach

$$\begin{aligned} |x_n - x_k| &\leq |x_n - x_{n-1}| + \ldots + |x_{k+1} - x_k| \\ &\leq (L^{n-1} + \ldots + L^k)\,|x_1 - x_0| \\ &= L^k(L^{n-1-k} + \ldots + 1)\,|x_1 - x_0| \qquad (1) \\ &\leq \frac{L^k}{1-L}\,|x_1 - x_0|, \end{aligned}$$

wobei zuletzt die Formel $1 + L + L^2 + \ldots = \dfrac{1}{1-L}$ für eine geometrische Reihe benutzt wurde. Zu jedem $\epsilon > 0$ gibt es damit ein k, so daß $|x_n - x_k| < \epsilon$ ist, also bilden die x_k

eine Cauchy-Folge, die gegen einen Grenzwert s konvergiert. Er liegt wegen Bedingung **1** in I.

Existenz: Mit $x_{k+1} = f(x_k)$ gilt die Dreiecksungleichung

$$|f(s) - s| \leq |f(s) - f(x_k)| + |x_{k+1} - s|.$$

Aus der Konvergenz der x_k gegen s und der Stetigkeit von f folgt daraus $f(s) = s$. s ist Fixpunkt.

Eindeutigkeit: Für zwei Fixpunkte $r = f(r)$ und $s = f(s)$ ist

$$|r - s| = |f(r) - f(s)| \leq L\,|r - s|,$$

wegen $L < 1$ muß dann $r = s$ sein. Damit ist der Fixpunktsatz bewiesen.

Bemerkung 1: Die Iterationsvorschrift $x_{k+1} = f(x_k)$ läßt eine einfache geometrische Deutung zu:

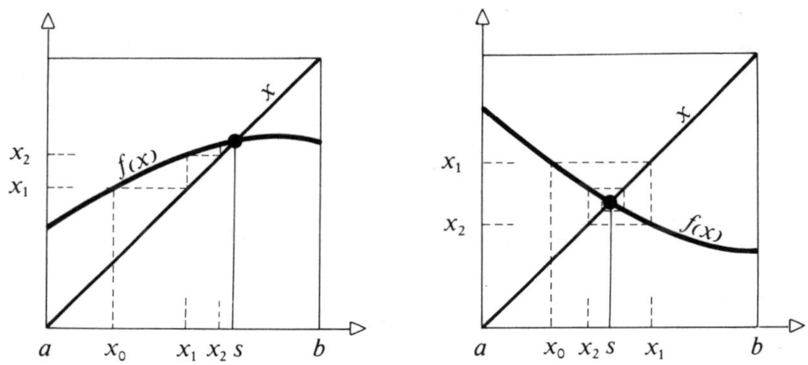

Bild 13.1. Geometrische Deutung

Beispiel 1: Die Abbildung $f(x) = \cos x$ kontrahiert in $I = [-1, 1]$, es ist $L = \sin 1 < 1$.

13.2 Fehlerabschätzungen

Für den Abstand von $x_k = f(x_{k-1})$ und s gibt es, falls f kontrahiert, zwei Abschätzungen: Die

a-priori Fehlerabschätzung

$$|x_k - s| \leq \frac{L^k}{1-L}|x_1 - x_0|,$$

sie folgt unmittelbar aus (1) für $n \to \infty$, und die

a-posteriori Fehlerabschätzung

$$|x_k - s| \leq \frac{L}{1-L}|x_k - x_{k-1}|,$$

sie ergibt sich aus der a-priori Abschätzung, indem man x_{k-1} als Startwert einer neuen Iteration auffaßt.

Die a-priori Abschätzung benutzt den Abstand der ersten beiden Punkte x_0 und x_1. Mit ihrer Hilfe kann man zu Beginn der Iteration eine im allgemeinen viel zu grobe Schranke

$$\frac{\log \epsilon(1-L) - \log|x_1 - x_0|}{\log L}$$

für die Zahl N der Iterationsschritte berechnen, mit der man eine bestimmte Genauigkeit ϵ sicher erreicht. Aus der a-posteriori Abschätzung kann nach jedem Schritt berechnet werden, wie weit x_k noch höchstens von s entfernt ist. Mit ihr kann die erreichte Genauigkeit überprüft werden. Man erhält so den Algorithmus

Iteration in einer Variablen

Gegeben:	$f(x)$ kontrahierend in I mit $L < 1$; $x_0 \in I$; $\epsilon > 0$; N
Gesucht:	$s = f(s)$ Fixpunkt

1 Für $k = 1, 2, \ldots, N$

2 bestimme $x_k := f(x_{k-1})$

3 falls $|x_k - x_{k-1}| \leq \epsilon \frac{1-L}{L}$: Geh nach **4**.

4 Setze $s := x_k$

Bemerkung 2: Oft muß L selbst durch eine Abschätzung gefunden werden. Es soll so klein wie möglich gewählt werden.

13.3 Konvergenzgeschwindigkeit

Der Arbeitsaufwand zur Bestimmung des Grenzwertes s hängt wesentlich von der **Konvergenzgeschwindigkeit**, das ist der Gewinn an Genauigkeit je Iterationsschritt, ab.

Man erhält einen Einblick, wenn man $f(x)$, das hier als genügend oft differenzierbar vorausgesetzt wird, in eine Taylorreihe um s entwickelt:

$$f(x) = f(s) + f'(s)(x-s) + \frac{1}{2} f''(s)(x-s)^2 + \ldots .$$

Mit den Abkürzungen $d_k := x_k - s$ für den Fehler und $c_i := \frac{1}{i!} f^{(i)}(s)$ für die Koeffizienten erhält man

$$d_{k+1} = c_1 d_k + c_2 d_k^2 + \ldots = (c_1 + c_2 d_k + \ldots) d_k .$$

Ist nun $c_1 = f'(s) \neq 0$, so geht für große k der Fehler d_{k+1} mit dem Fehler d_k linear gegen Null. Man spricht dann von **linearer Konvergenz.** Damit allerdings Konvergenz eintritt, muß $|c_1| < 1$ sein. c_1 heißt **Konvergenzfaktor.**

Ist $c_1 = 0$, aber $c_2 = \frac{1}{2} f''(s) \neq 0$, so spricht man von **quadratischer Konvergenz.**

Allgemein nennt man eine Folge x_k **konvergent mit der Ordnung** p, falls p die kleinste natürliche Zahl ist, für die

$$\lim_{k \to \infty} \frac{d_{k+1}}{d_k^p} = c_p \neq 0$$

ist.

Beispiel 2: Die Folge $x_{k+1} = \cos x_k$ konvergiert in $I = [-1, 1]$ linear.

Beispiel 3: Die Folge $x_{k+1} = x_k(2 - x_k)$ konvergiert in $I = [\frac{1}{3}, \frac{4}{3}]$ quadratisch gegen $s = 1$.

13.4 Das Δ^2-Verfahren von Aitken

Für große k gilt bei linearer Konvergenz näherungsweise

$$x_{k+1} - s \approx c_1 (x_k - s),$$
$$x_{k+2} - s \approx c_1 (x_{k+1} - s).$$

Aus diesen beiden „Gleichungen" kann c_1 eliminiert und eine Näherung x_k^* für s ermittelt werden. Man erhält nach kurzer Rechnung

$$s \approx x_k^* := x_k - \frac{(x_{k+1} - x_k)^2}{x_{k+2} - 2x_{k+1} + x_k}$$

oder mit den üblichen Abkürzungen für die **Vorwärtsdifferenzen**

$$\Delta x_k := x_{k+1} - x_k \quad \text{und} \quad \Delta^2 x_k := \Delta(\Delta x_k)$$

auch

$$x_k^* = x_k - \frac{\Delta x_k}{\Delta^2 x_k} \Delta x_k .$$

Diese Verbesserung von x_k wurde 1926 von Aitken angegeben. Unter gewissen Voraussetzungen gilt:

Satz 2: Ist $x_0, x_1, x_2, \ldots$ eine gegen s konvergente Folge, so konvergiert die Folge x_0^*, x_1^*, x_2^*, ... schneller gegen s.

Was dabei unter „schneller" verstanden wird, soll mit dem Beweis des Satzes hier nicht gebracht werden.

Der Prozeß ist nicht auf Folgen beschränkt, die durch eine Iteration entstanden sind.

Es liegt nahe, x_0^* als neuen Startwert zu nehmen usf. Das ergibt mit dem Abstand η den Algorithmus von Steffensen (1933):

Steffensen-Iteration

Gegeben: $f(x)$ kontrahierend in I; $x_0 \in I$; $\eta > 0$; N

Gesucht: $s = f(s)$ Fixpunkt

1 Für $k = 1, 2, \dots, N$

2 bestimme $x_1 := f(x_0)$,

3 und $x_2 := f(x_1)$,

4 setze $x_0 := x_0 - \dfrac{\Delta x_0}{\Delta^2 x_0} \Delta x_0$.

5 Falls $\left| \dfrac{\Delta x_0}{\Delta^2 x_0} \Delta x_0 \right| \leq \eta$: Geh nach **6**.

6 Setze $s := x_0$.

Beispiel 4: Für $f(x) = \cos x$ wird mit $x_0 = 0.750$ bei $\eta = 0.001$ nach zwei Schritten

$$\begin{array}{lll} x_0 = 0.750 & \rightarrow 0.740 & \rightarrow 0.739 =: s \\ x_1 = 0.732 & 0.738 & \\ x_2 = 0.744 & 0.740 & \end{array}$$

13.5 Geometrische Konvergenzbeschleunigung

Ein Fixpunkt s von $f(x)$ ist auch Fixpunkt für die Abbildung

$$\bar{f}(x) := x - \mu(x)\,(x - f(x)), \quad \mu(x) \neq 0 \text{ in } I$$

und umgekehrt. $\bar{f}$ ist aber mit f nicht notwendig kontrahierend in I.

Der Konvergenzfaktor $\bar{c}_1$ von $\bar{f}$ hängt mit dem Konvergenzfaktor c_1 von f zusammen, es ist

$$\bar{c}_1 := \bar{f}'(s) = 1 - \mu(s)\,(1 - f'(s)) + \mu'(s)\,(s - f(s)) = 1 - \mu(s)\,(1 - f'(s)).$$

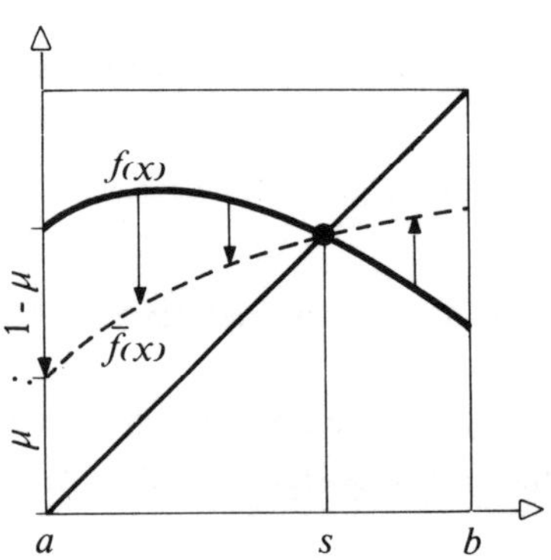

Bild 13.2
Geometrische Konvergenzbeschleunigung

Für $\mu(s) = 1/(1-c_1)$ verschwindet $\bar{c}_1$ und die mit $\bar{f}$ erzeugte Folge $\bar{x}_k$ konvergiert, falls sie überhaupt konvergiert, mindestens quadratisch. Für verschiedene $\mu(x) := 1/(1-c(x))$, die diese Bedingung in s erfüllen oder nahezu erfüllen, bekommt man verschiedene Verfahren, die quadratisch oder nahezu quadratisch konvergieren.

Verfahren von Whittaker: Ein besonders einfaches und doch schnelles Verfahren erhält man, indem man c = fest, etwa $c \approx \pm L$ setzt. Es konvergiert nur für $c = c_1$ quadratisch.

Verfahren von Steffensen: Das Verfahren in **13.4** erhält man, indem man c_1 durch $\dfrac{f(f(x_k)) - f(x_k)}{f(x_k) - x_k}$ annähert. Es konvergiert quadratisch.

Beispiel 5: Für $f(x) = \cos x$ ist bei $c = -\frac{1}{2}$ = fest $\mu = \frac{2}{3}$ und damit

$$\bar{f} = \frac{1}{3}x + \frac{2}{3}\cos x.$$

Mit $\bar{x}_0 = 0.75$ wird $\bar{x}_1 = 0.738$ und schon $\bar{x}_2 = 0.739$.

13.6 Nullstellen

Eine der wichtigsten Anwendungen der Konvergenzbeschleunigung ist die Bestimmung einer Nullstelle s einer Funktion $g(x)$ als Fixpunkt der Abbildung

$$f(x) := x - \mu(x)\, g(x).$$

Man erhält für den Konvergenzfaktor $c_1 := f'(s) = 1 - \mu(s)\, g'(s)$. Das Verfahren konvergiert, falls es überhaupt konvergiert, bei $g'(s) \neq 0$ für $\mu(s) = 1/g'(s)$ quadratisch. Für verschiedene $\mu(x)$ erhält man wieder verschiedene Verfahren.

Verfahren von Whittaker: Man setzt $\mu(x) = m$ = fest.

Die regula falsi: Man erhält dieses bekannte Verfahren, indem man $\mu(x_k) = \Delta x_{k-1}/\Delta g_{k-1}$ setzt. Dabei ist $g_{k-1} := g(x_{k-1})$. Das Verfahren benötigt zwei Startwerte.

Verfahren von Newton: Dieses klassische Verfahren erhält man für $\mu(x) = 1/g'(x)$. Es konvergiert i.a. quadratisch.

Mit einer geeigneten Vorschrift zur Bestimmung von $\mu(x_k)$ lautet der Algorithmus

Nullstelle

Gegeben: $g(x), \mu(x);\ x_0, \eta, N$

Gesucht: s mit $g(s) = 0$ Nullstelle

Für $k = 1, 2, \ldots, N$

bestimme $g := g(x_0)$

und $\mu := \mu(x_0)$.

4 Setze $x_0 := x_0 - \mu g$,

5 falls $|\mu g| \leq \eta$: Geh nach **6**.

6 Setze $s := x_0$.

Bemerkung 3: Es gibt eine Fülle hinreichender Konvergenzbedingungen für diese Verfahren, insbesondere für das Verfahren von Newton, die jedoch bei nichttrivialen Anwendungen nur schwer nachprüfbar sind. Der wesentliche Inhalt dieser Bedingungen lautet immer:

Ist $g'(s) \neq 0$, so gibt es eine Umgebung der Nullstelle s, in der die Verfahren für jeden Startwert x_0 aus dieser Umgebung gegen s konvergieren.

Bemerkung 4: $1/\mu(x_k)$ gibt die Neigung der Verbindung des Punktes (x_k, g_k) auf g mit dem Punkt $(x_{k+1}, 0)$ auf der x-Achse an.

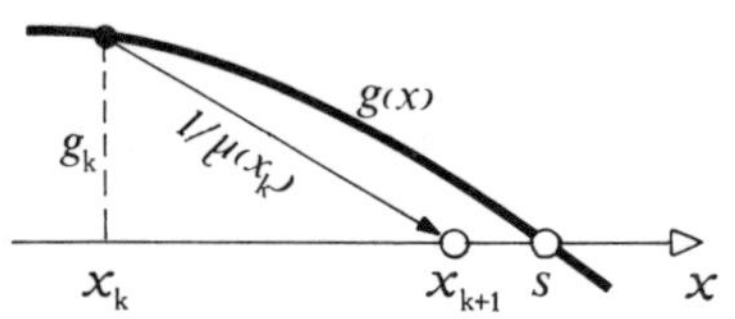

Bild 13.3
Nullstellenbestimmung

Beispiel 6: Für $g(x) = x - \cos x$ ist $g'(x) = 1 + \sin x$. Für $x_0 = 0.75$ wird bereits nach einem Schritt des Verfahrens von Newton

$$x_1 = 0.75 - \frac{0.018}{1.68} = 0.739.$$

13.7 Aufgaben und Ergänzungen

1. Die maximale Neigung einer Sehne von f in I ist eine Lipschitzkonstante L.
2. Es ist $L \geq \max_{x \in I} |f'(x)|$ für jede Lipschitzkonstante L.
3. Aitkens Δ^2-Prozeß läßt sich geometrisch deuten: Er ersetzt $f(x)$ zwischen x_{k+1} und x_k durch eine **Sehne.**
4. Für $c_1 = 0.1$ beträgt der Genauigkeitsgewinn etwa eine weitere Dezimale je Schritt.
5. Für $c_1 = 0$ und $c_2 = 1$ entspricht der Genauigkeitsgewinn etwa der Verdopplung der richtigen Dezimalen je Schritt.
6. Man kann die Konvergenz einer nach dem Δ^2-Verfahren transformierten Folge abermals beschleunigen, indem man auf sie das Δ^2-Verfahren nochmals anwendet.
7. Ist $\Delta^2 x_k = 0$, so gilt $\Delta x_{k+1} = \Delta x_k$ und somit $L \geq 1$.

8. Man verwende das mit der regula falsi verwandte Verfahren von Steffensen zur Nullstellenbestimmung.
9. Die Nullstellenbestimmung nach Newton versagt, falls $g'(s) = 0$ ist. Ist aber $g''(s) \neq 0$, so setzt man

$$\mu(x) := \frac{2}{g'(x)}.$$

14 Mehrdimensionale Iteration

Die Überlegungen zur eindimensionalen Iteration lassen sich ohne weiteres auf die mehrdimensionale Iteration übertragen: An die Stelle der reellen Zahl x tritt die n-Spalte $\boldsymbol{x}$ usf.

14.1 Kontrahierende Abbildungen

Eine Abbildung $\boldsymbol{f}$: $\mathbb{R}^n \to \mathbb{R}^n$ mit den Komponenten f_i: $\mathbb{R}^n \to \mathbb{R}$ heißt **kontrahierend** im Kubus $\boldsymbol{I} := [\boldsymbol{a}, \boldsymbol{b}]$, falls für irgendeine Norm die folgenden beiden Bedingungen erfüllt sind:

1. $\boldsymbol{f}(\boldsymbol{I}) \subset \boldsymbol{I}$,
2. $\|\boldsymbol{f}(\boldsymbol{x}) - \boldsymbol{f}(\boldsymbol{y})\| \leq L \, \|\boldsymbol{x} - \boldsymbol{y}\|, \quad \boldsymbol{x}, \boldsymbol{y} \in \boldsymbol{I}$ und $0 \leq L < 1$.

Es gilt der

Fixpunktsatz: Eine in $\boldsymbol{I}$ kontrahierende Abbildung $\boldsymbol{f}$ besitzt in $\boldsymbol{I}$ genau einen Fixpunkt $\boldsymbol{s}$. Er ist Grenzwert der Folge $\boldsymbol{x}_k = \boldsymbol{f}(\boldsymbol{x}_{k-1})$ für jeden Startwert $\boldsymbol{x}_0 \in \boldsymbol{I}$.

Für den Fehler $\|\boldsymbol{x}_k - \boldsymbol{s}\|$ gelten die a-priori Fehlerabschätzung

$$\|\boldsymbol{x}_k - \boldsymbol{s}\| \leq \frac{L^k}{1-L} \|\boldsymbol{x}_1 - \boldsymbol{x}_0\|,$$

und die **a-posteriori Fehlerabschätzung**

$$\|x_k - s\| \leq \frac{L}{1-L} \|x_k - x_{k-1}\|.$$

Die Beweise werden wörtlich wie im eindimensionalen Fall in **13** geführt. Auch der Algorithmus kann prinzipiell übernommen werden, hängt aber von der Wahl der Norm ab.

14.2 Konvergenzgeschwindigkeit

Grundsätzliche Aussagen über die Konvergenzgeschwindigkeit lassen sich auch hier über die Taylorentwicklung von f an der Stelle s herleiten. Ausreichende Differenzierbarkeit vorausgesetzt, lautet sie

$$f(x) = f(s) + D_f(s)(x - s) + \dots,$$

dabei ist $D_f := \left[\frac{\partial f_i}{\partial x_k}\right]$ die Jacobimatrix von f. Mit der Abkürzung $d_k := x_k - s$ für den Fehler erhält man

$$d_{k+1} = D_f(s)\, d_k + \dots .$$

Wie in **13** spricht man von **linearer Konvergenz,** falls $D_f(s) \neq O$ ist, anderenfalls von mindestens **quadratischer Konvergenz.** $D_f(s)$ heißt **Konvergenzmatrix.** Damit Konvergenz eintritt, muß $\|D_f(s)\| < 1$ sein.

Allgemein nennt man die Folge x_k **konvergent mit der Ordnung** p, falls p die kleinste natürliche Zahl ist, für die

$$\lim_{k\to\infty} \frac{\|d_{k+1}\|}{\|d_k\|^p} = a_p \neq 0$$

ist. Sie hängt von der Norm nicht ab.

Beispiel 1: Die klassische Vektoriteration **11** konvergiert linear.

Beispiel 2: Die Relaxationsverfahren in **8** konvergieren linear.

14.3 Konvergenzbeschleunigung

Ein Fixpunkt s von f ist auch Fixpunkt der Abbildung

$$\bar{f}(x) := x - M(x)\,[x - f(x)], \quad M(x) \ n,n\text{-Matrix regulär in } I$$

und umgekehrt. $\bar{f}$ ist aber nicht notwendig kontrahierend in I, wenn das f ist.

Für die Konvergenzmatrix $D_{\bar{f}}(s)$ von $\bar{f}$ erhält man durch Differentiation

$$D_{\bar{f}}(s) = E - M(s)\,[E - D_f(s)].$$

Für $M(s) = [E - D_f(s)]^{-1}$ verschwindet $D_{\bar{f}}(s)$ und die mit $\bar{f}$ erzeugte Folge $\bar{x}_k$ konvergiert mindestens quadratisch. Für verschiedene $M(x) := [E - D(x)]^{-1}$, die diese Bedingung in s erfüllen oder nahezu erfüllen, bekommt man daher wieder verschiedene Verfahren, die quadratisch oder nahezu quadratisch konvergieren:

Verfahren von Whittaker: Man setzt $D(x_k) = D =$ fest, insbesondere etwa $D \approx D_f(s)$.

Verfahren von Steffensen: Man setzt $D(x_0) := \Delta X_1 [\Delta X_0]^{-1}$. Dabei bezeichnet $\Delta X_1 := X_2 - X_1$ und $X_1 := [x_1, \dots, x_n]$ die n,n-Matrix der $x_1 = f(x_0), \dots, x_n = f(x_{n-1})$ usf.

Bemerkung 1: Mit der Matrix $D(x_k)$ schreibt sich die Iteration $x_{k+1} = \bar{f}(x_k)$ besser als lineares Gleichungssystem

$$[E - D(x_k)]\,[x_{k+1} - x_k] = f(x_k) - x_k$$

für die Differenz $x_{k+1} - x_k$.

14.4 Nullstellen von Systemen

Eine wichtige Anwendung der Konvergenzbeschleunigung ist die Bestimmung einer Nullstelle s eines Systems $g(x) = o$ von n Gleichungen $g_i(x) = 0$ als Fixpunkt der Abbildung

$$f(x) := x - M(x) \cdot g(x), \quad M(x) \;\; n,n\text{-Matrix regulär in } I$$

Für verschiedene $M(x)$ erhält man verschiedene Iterationsvorschriften, die mindestens quadratisch konvergieren, falls $M(s) = [D_g(s)]^{-1}$ ist. Man erhält so:

Das **Verfahren von Whittaker**, indem man $M(x) := M =$ fest setzt, insbesondere $M \approx [D_g(s)]^{-1}$.

Das **Verfahren von Newton**, indem man $M(x) := [D_g(x)]^{-1}$ setzt.

Bemerkung 2: Auch das Verfahren von Newton schreibt sich besser als lineares Gleichungssystem

$$D_g(x_k) \cdot \Delta x_k + g(x_k) = o$$

für die Differenz $\Delta x_k := x_{k+1} - x_k$. Die Inversion entfällt dann.

Bemerkung 3: Die Bemerkung *3* in **13.6** über hinreichende Konvergenzbedingungen für das Verfahren von Newton gelten sinngemäß auch für Systeme.

Beispiel 3: Eine zweidimensionale Newton-Iteration wird im Verfahren von Bairstow in **15.5** benutzt.

14.5 Aufgaben und Ergänzungen

1. Beim Verfahren von Newton werden die Flächen $z = f_i(x)$ durch die Tangentialebenen in x_k und damit der Schnitt der Flächen durch den Schnitt der Tangentialebenen ersetzt.

2. Das Newton-Verfahren löst jedes lineare Gleichungssystem $\boldsymbol{A x} - \boldsymbol{a} = \mathbf{o}$ in einem Schritt. Dabei ist A die Jacobimatrix des Systems.

3. Um den Konvergenzbereich des Newton-Verfahrens zu vergrößern, benutzt man häufig die Modifikation

$$\boldsymbol{x}_{k+1} = \boldsymbol{x}_k - \lambda\,[D_{\boldsymbol{g}}(\boldsymbol{x}_k)]^{-1}\,\boldsymbol{g}(\boldsymbol{x}_k)$$

und bestimmt $\lambda \in (0,1]$ so, daß $\|\boldsymbol{g}(\boldsymbol{x}_{k+1})\| < \|\boldsymbol{g}(\boldsymbol{x}_k)\|$. Dadurch gelangt man in wenigen Schritten in die Nähe der Nullstelle, die man mit $\lambda = 1$ bestimmt.

15 Nullstellen von Polynomen

Ein Ausdruck der Form

(1) $$\operatorname{pol}(\lambda) := a_0\lambda^n + a_1\lambda^{n-1} + \dots + a_{n-1}\lambda + a_n, \quad a_0 \neq 0,$$

heißt **Polynom** vom Grad n in λ. Ist insbesondere $a_0 = 1$, so heißt das Polynom **normiert.** Polynome sind wegen ihres einfachen Aufbaus besonders leicht zu handhaben.

15.1 Das Horner-Schema

Ein Polynom vom Grad n in λ kann man so schreiben:

$$\operatorname{pol}(\lambda) = (\dots((a_0\lambda + a_1)\lambda + a_2)\lambda + \dots + a_{n-1})\lambda + a_n$$

und für ein festes $\lambda = \lambda_0$ auch so auswerten. Man bestimmt die Werte p_k der einzelnen Klammern von innen nach außen. Das gibt den folgenden Algorithmus

Horner

Gegeben: $a_0, a_1, \dots, a_n;\ \lambda_0$.

Gesucht: $p := a_0\lambda_0^n + a_1\lambda_0^{n-1} + \dots + a_{n-1}\lambda_0 + a_n$.

Setze $p := a_0$,

für $k = 1, 2, \dots, n$

    setze $p := p\,\lambda_0 + a_k$.

Für das Rechnen von Hand ordnet man die a_k in einer Zeile an und schreibt die Werte p_k darunter. Das gibt das bekannte **Schema von Horner:**

$$\begin{array}{c|l} \lambda_0 & a_0 \; a_1 \; \dots \; a_{n-1} \; a_n \\ \hline 0 & p_0 \; p_1 \; \dots \; p_{n-1} \; \underline{p_n = p} \end{array}$$

Die Vorschrift zur Bestimmung der $p_k = p_{k-1}\lambda_0 + a_k$ läßt sich anschaulich so notieren:

(2)

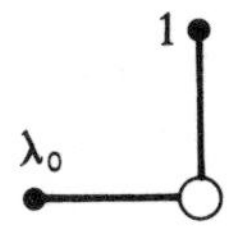

Setzt man $p_{-1} := 0$, so liefert die Vorschrift auch $p_0 = a_0$.

15.2 Das erweiterte Horner-Schema

Das Polynom (1) hat die Ableitung

$$\mathrm{pol}'(\lambda) = n a_0 \lambda^{n-1} + (n-1) a_1 \lambda^{n-2} + \dots + a_{n-1}.$$

Sie ließe sich für $\lambda = \lambda_0$ wie oben bestimmen. Schreibt man sich aber die Ausdrücke für die $p_0, \dots, p_{n-1}$ in den a_k auf, multipliziert sie mit $\lambda_0^{n-1}, \dots, 1$ und summiert

$$\begin{array}{ll|l} p_0 & = a_0 & \lambda_0^{n-1} \\ \vdots & \;\vdots & \;\vdots \\ p_{n-1} & = a_0 \lambda_0^{n-1} + \dots + a_{n-1} & 1, \end{array}$$

so erhält man gerade $\mathrm{pol}'(\lambda_0)$, d.h., es ist

$$\mathrm{pol}'(\lambda_0) = p_0 \lambda_0^{n-1} + p_1 \lambda_0^{n-2} + \dots + p_{n-1}.$$

Die p_k sind Polynome in λ_0, ihre Werte stehen in der zweiten Zeile des Horner-Schemas. Schreibt man die

$$q_k := q_{k-1}\lambda_0 + p_k$$

darunter, so hat man das **erweiterte Schema von Horner:**

$$\begin{array}{c|lc} \lambda_0 & a_0 \; a_1 \; \dots \; a_{n-1} & a_n \\ \hline 0 & p_0 \; p_1 \; \dots \; p_{n-1} & \underline{p_n = p} \\ 0 & q_0 \; q_1 \; \dots \; \underline{q_{n-1} = q} & \end{array}$$

und es ist $q_{n-1} = q = \mathrm{pol}'(\lambda_0)$. Zur Bestimmung der zweiten Zeile gilt dieselbe Vorschrift (2). Setzt man $q_{-1} := 0$, so liefert die Vorschrift auch hier $q_0 = p_0$. Man erhält so folgenden Algorithmus zur Berechnung von $\mathrm{pol}(\lambda_0)$ und $\mathrm{pol}'(\lambda_0)$:

Horner, erweitert

Gegeben: $a_0, a_1, \ldots, a_n;\ \lambda_0$

Gesucht: $p := a_0 \lambda_0^n + \ldots + a_n;\quad q := n a_0 \lambda_0^{n-1} + \ldots + a_{n-1}$

Setze $q := 0,\ p := a_0$,

für $k = 1, 2, \ldots, n$

  setze $q := q\lambda_0 + p$

  und $p := p\lambda_0 + a_k$.

15.3 Einfache Nullstellen

Einfache Nullstellen eines Polynoms $\mathrm{pol}(\lambda)$, für die man eine geeignete Näherung λ_0 kennt, bestimmt man iterativ nach Newton **13.6** mit

$$\lambda_{k+1} := \lambda_k - \frac{\mathrm{pol}(\lambda_k)}{\mathrm{pol}'(\lambda_k)},$$

wobei $\mathrm{pol}(\lambda_k)$ und $\mathrm{pol}'(\lambda_k)$ im erweiterten Schema von Horner bestimmt werden:

Einfache Nullstelle

Gegeben: $a_0, a_1, \ldots, a_n;\ \lambda_0;\ \epsilon > 0;\ N$

Gesucht: λ mit $a_0\lambda^n + \ldots + a_n \approx 0$

Setze $\lambda = \lambda_0$,

für $i = 1, 2, \ldots, N$

  bestimme $p(\lambda), q(\lambda)$ durch **Horner, erweitert**

  falls $\left|\frac{p}{q}\right| \leq \epsilon$: Ende,

  setze $\lambda := \lambda - \frac{p}{q}$.

Beispiel 1: Es ist die Näherung $\lambda_0 = 0.95$ der Nullstelle $\lambda = 1$ des Polynoms

$$\mathrm{pol}(\lambda) = \lambda^3 - \lambda^2 - 4\lambda + 4$$

durch einen Newtonschritt zu verbessern. Das erweiterte Horner-Schema lautet

0.95	1	−1	−4	4
0	1	−0.05	−4.05	0.15 = *p*
0	1	0.90	−3.19 = *q*	

und die verbesserte Näherung damit

$$\lambda_1 = 0.95 + \frac{0.15}{3.19} = 0.997.$$

15.4 Das Verfahren von Bairstow

Ist eine Nullstelle μ eines reellen Polynoms (1) komplex, so ist bekanntlich auch die zu μ konjugiert komplexe Zahl $\bar{\mu}$ Nullstelle des Polynoms. Beide sind Nullstellen eines reellen quadratischen Polynoms $\lambda^2 - u\lambda - v$, das man nach dem euklidischen Algorithmus von dem gegebenen Polynom abspalten kann. Man erhält zunächst

(3) $$\mathrm{pol}(\lambda) = (b_0\lambda^{n-2} + b_1\lambda^{n-3} + \ldots + b_{n-2})(\lambda^2 - u\lambda - v) + b_{n-1}(\lambda - u) + b_n.$$

Ist $b_{n-1} = b_n = 0$, so ist $\lambda^2 - u\lambda - v$ Teiler des Polynoms (3), und die Nullstellen von $\lambda^2 - u\lambda - v$ sind Nullstellen von (3).

Die $b_{n-1}(u, v), b_n(u, v)$ sind Funktionen von u und v. Auf Bairstow geht der Gedanke zurück, eine Näherung u_0, v_0 für die gemeinsame Nullstelle u, v von b_{n-1} und b_n nach Newton zu verbessern. In den Bezeichnungen von Abschnitt **14.4** ist

$$\boldsymbol{x} := \begin{bmatrix} u \\ v \end{bmatrix}, \quad \boldsymbol{g} := \begin{bmatrix} b_n \\ b_{n-1} \end{bmatrix}, \quad D_{\boldsymbol{g}} := \begin{bmatrix} \dfrac{\partial b_n}{\partial u} & \dfrac{\partial b_n}{\partial v} \\ \dfrac{\partial b_{n-1}}{\partial u} & \dfrac{\partial b_{n-1}}{\partial v} \end{bmatrix}.$$

Die Bestimmung von $\boldsymbol{g}$ und $D_{\boldsymbol{g}}$ ist einfach: Aus einem Koeffizientenvergleich von (1) und (3) folgt zunächst

(4) $$b_k = b_{k-1}u + b_{k-2}v + a_k.$$

Darin ist mit $b_{-1} = b_{-2} := 0$ insbesondere auch

$$b_0 = a_0 \quad \text{und} \quad b_1 = b_0 u + a_1$$

enthalten. Differenziert man (4) partiell nach u und v, so folgt

$$\frac{\partial b_k}{\partial u} = \frac{\partial b_{k-1}}{\partial u}u + \frac{\partial b_{k-2}}{\partial u}v + b_{k-1},$$

$$\frac{\partial b_k}{\partial v} = \frac{\partial b_{k-1}}{\partial v}u + \frac{\partial b_{k-2}}{\partial v}v + b_{k-2}.$$

Man erkennt dasselbe Bildungsgesetz wie (4)

(5) $$c_k = c_{k-1}\,u + c_{k-2}\,v + b_k,$$

wobei

$$c_k := \frac{\partial b_{k+1}}{\partial u} = \frac{\partial b_{k+2}}{\partial v}, \quad k = 0, 1, \dots, n-2, \quad c_{n-1} := \frac{\partial b_n}{\partial u}$$

gesetzt ist. Insbesondere sind in (5) für $c_{-2} = c_{-1} = 0$ auch $\frac{\partial b_1}{\partial u} = \frac{\partial b_2}{\partial v}$ usw. enthalten.

Mit diesen Bezeichnungen hat das lineare Gleichungssystem in **14.4** die Gestalt

$$\begin{bmatrix} c_{n-1} & c_{n-2} \\ c_{n-2} & c_{n-3} \end{bmatrix} \begin{bmatrix} \Delta u \\ \Delta v \end{bmatrix} + \begin{bmatrix} b_n \\ b_{n-1} \end{bmatrix} = \begin{bmatrix} 0 \\ 0 \end{bmatrix}.$$

Die b_k und c_k werden im folgenden Horner-Schema für quadratische Faktoren bestimmt.

15.5 Das erweiterte Horner-Schema für quadratische Faktoren

Schreibt man die a_k, b_k, c_k wie beim Horner-Schema übereinander:

v_0	u_0	a_0	a_1	...	a_{n-2}	a_{n-1}	a_n
0	0	b_0	b_1	...	b_{n-2}	$\underline{b_{n-1}}$	$\underline{b_n}$
0	0	c_0	...	$\underline{c_{n-3}}$	$\underline{c_{n-2}}$	$\underline{c_{n-1}}$	

,

so lauten die Vorschriften (4) und (5) anschaulich

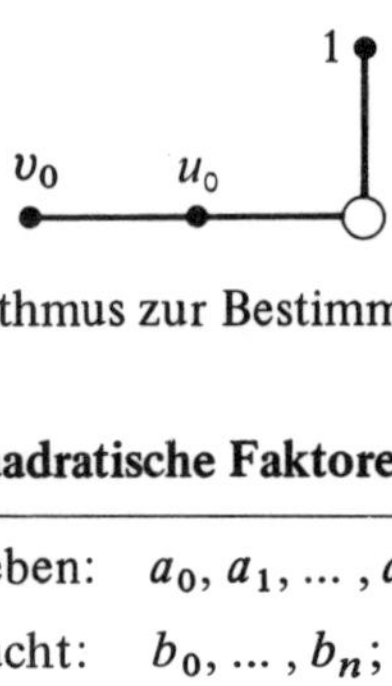

Der Algorithmus zur Bestimmung der b_k und c_k lautet damit:

Horner, quadratische Faktoren

Gegeben: $a_0, a_1, \dots, a_n$; u_0, v_0; $(n \geq 3)$
Gesucht: $b_0, \dots, b_n$; $c_0, \dots, c_{n-1}$.

Setze $b_{-1} = c_{-2} = c_{-1} := 0$; $b_0 := a_0$.
Für $k = 1, 2, \dots, n$
  bestimme $b_k := b_{k-2}\,v_0 + b_{k-1}\,u_0 + a_k$
  und $c_{k-1} := c_{k-3}\,v_0 + c_{k-2}\,u_0 + b_{k-1}$

Bemerkung 1: Das Verfahren ist nicht auf Paare konjugiert komplexer Wurzeln beschränkt.

Beispiel 2: Es ist die Näherung $\lambda^2 - 0.05\,\lambda - 3.99$ des quadratischen Faktors $\lambda^2 - 4$ von

$$\lambda^3 - \lambda^2 - 4\lambda + 4$$

durch einen Bairstow-Schritt zu verbessern. Es ist $u_0 = 0.05$ und $v_0 = 3.99$. Das Horner-Schema für den quadratischen Faktor lautet

3.99	0.05	1	−1	−4	4
0	0	1	−0.95	−0.06	0.21
0	0	1	−0.90	3.88	

und damit das lineare Gleichungssystem

$$\begin{bmatrix} 3.88 & -0.9 \\ -0.9 & 1 \end{bmatrix} \begin{bmatrix} \Delta u \\ \Delta v \end{bmatrix} + \begin{bmatrix} 0.21 \\ -0.06 \end{bmatrix} = \begin{bmatrix} 0 \\ 0 \end{bmatrix}.$$

Mit der Lösung $\Delta u = -0.04$, $\Delta v = 0.02$ wird der verbesserte quadratische Faktor

$$\lambda^2 - (0.05 - 0.04)\,\lambda - (3.99 + 0.02) = \lambda^2 - 0.01\,\lambda - 4.01\,.$$

Er verschwindet annähernd für $\lambda_1 = 2.01$ und $\lambda_2 = -2.00$.

15.6 Aufgaben und Ergänzungen

1. Ändert man den Koeffizienten a_k des Polynoms (1) $p(\lambda) := \mathrm{pol}(\lambda)$ relativ um ϵ, so entsteht das Polynom $\overline{p}(\lambda) = \mathrm{pol}(\lambda) + \epsilon a_k \lambda^{n-k}$. Die einfachen Nullstellen $\overline{\lambda}_i$ von $\overline{p}$ können näherungsweise aus den einfachen Nullstellen λ_i von p berechnet werden, es gilt

$$\lambda_i - \overline{\lambda}_i \approx \epsilon \frac{a_k \lambda_i^{n-k}}{p'(\lambda_i)}\,.$$

2. Beim Polynom $p(\lambda) := \prod_{i=1}^{20} (\lambda - i)$ ändert sich die Nullstelle $\lambda_{20} = 20$ bei relativer Änderung von $a_1 = 210$ um ϵ nach 1 um $20 - \overline{\lambda}_{20} \approx \epsilon \cdot 10^{10}$ (Wilkinson). Die Nullstellen dieses Polynoms sind daher schlecht konditioniert bezüglich Änderungen der Polynomkoeffizienten.

3. Beim Verfahren von Bairstow werden durch das wiederholte Abspalten quadratischer Faktoren die zuletzt gefundenen Nullstellen stärker verfälscht sein. Es empfiehlt sich, zum Schluß eine Verbesserung dieser Nullstellen mit dem ursprünglichen Polynom durchzuführen.

16 Das Verfahren von Bernoulli

Zur iterativen Bestimmung einer einfachen Wurzel eines Polynoms nach Newton werden Startwerte benötigt, die der Wurzel genügend nahe liegen. Für die Bestimmung eines Startwertes für die betragsgrößte einfache Wurzel eines Polynoms hat Bernoulli ein dem Verfahren von v. Mises verwandtes Verfahren angegeben.

16.1 Lineare Differenzengleichungen

Eine Gleichung

(1) $$a_0 y_{k+n} + a_1 y_{k+n-1} + \dots + a_{n-1} y_{k+1} + a_n y_k = 0$$

mit $a_0 \neq 0$, $a_n \neq 0$ und Konstanten a_i heißt **homogene lineare Differenzengleichung** der Ordnung n mit konstanten Koeffizienten. Durch sie ist zu gegebenen n Startwerten $y_0, \dots, y_{n-1}$ die Folge $y_n, y_{n+1}, \dots$ bestimmt. Sie heißt **Lösung** der linearen Differenzengleichung.

Das Polynom

(2) $$\mathrm{pol}(\lambda) := a_0 \lambda^n + a_1 \lambda^{n-1} + \dots + a_{n-1} \lambda + a_n$$

mit den gleichen Koeffizienten a_i wie (1) heißt **charakteristisches Polynom** der linearen Differenzengleichung (1). Man sieht sofort: Die Folge $y_k := \lambda_j^k$ der Potenzen jeder Wurzel λ_j von (2) ist eine Lösung von (1), für sie gilt $y_{k+1}/y_k = \lambda_j$. Das kann man nach Bernoulli umkehren:

Satz 1: Besitzt (2) genau eine betragsgrößte Wurzel λ_1, so konvergiert bei geeigneten Startwerten der Quotient y_{k+1}/y_k gegen λ_1.

Der Beweis wird im folgenden Abschnitt geführt.

16.2 Matrixschreibweise

Die Bestimmung von n benachbarten $y_{k+1}, \dots, y_{k+n}$ einer Lösungsfolge von (1) aus den benachbarten $y_k, \dots, y_{k+n-1}$ kann man in Matrizen – der Einfachheit halber sei $a_0 = 1$ – so schreiben:

(3) $$\begin{bmatrix} 0 & 1 & & & \\ & \ddots & \ddots & & \\ & & \ddots & \ddots & \\ & & & 0 & 1 \\ -a_n & \dots & & -a_2 & -a_1 \end{bmatrix} \begin{bmatrix} y_k \\ \cdot \\ \cdot \\ \cdot \\ y_{k+n-1} \end{bmatrix} = \begin{bmatrix} y_{k+1} \\ \cdot \\ \cdot \\ \cdot \\ y_{k+n} \end{bmatrix}$$

oder kurz

$$A\mathbf{y}_k = \mathbf{y}_{k+1} \quad \text{mit} \quad \mathbf{y}_k := [y_k, \dots, y_{k+n-1}]^T.$$

Es gilt:

Satz 2: A besitzt das charakteristische Polynom

(4) $$\det[A - \lambda E] = (-1)^n (\lambda^n + a_1 \lambda^{n-1} + \dots + a_n).$$

Der Beweis wird durch vollständige Induktion über den Grad n geführt:

1. Für $n = 1$ ist $\det[A - \lambda E] = -(\lambda + a_1)$.
2. Es gelte Satz 2 für den Grad $n - 1$.
3. Dann gilt Satz 2 für den Grad n. Entwickelt man nämlich $\det[A - \lambda E]$ für den Grad n nach der ersten Spalte, so wird

$$\det\begin{bmatrix} -\lambda & 1 & & \\ & \ddots & \ddots & \\ & & -\lambda & 1 \\ -a_n & \dots & -a_2 & -a_1-\lambda \end{bmatrix} = -\lambda \det\begin{bmatrix} -\lambda & 1 & & \\ & \ddots & \ddots & \\ & & \ddots & 1 \\ -a_{n-1} & \dots & & -a_1-\lambda \end{bmatrix} - (-1)^{n-1} a_n$$

und wegen der Induktionsannahme 2

$$\det[A - \lambda E] = -\lambda(-1)^{n-1}(\lambda^{n-1} + \dots + a_{n-1}) - (-1)^{n-1} a_n.$$

Damit hat A das charakteristische Polynom (4) und eine betragsgrößte Wurzel λ_1 kann, falls es genau eine gibt, nach dem Verfahren von v. Mises bestimmt werden.

Für jeden geeigneten Startvektor $\mathbf{y}_0$ konvergiert nach **11.3**

$$\frac{y_{k+n}}{y_{k+n-1}} = \frac{\mathbf{e}_n^T \mathbf{y}_{k+1}}{\mathbf{e}_n^T \mathbf{y}_k}$$

für wachsende k gegen λ_1. Damit ist Satz 1 bewiesen.

Bemerkung 1: Man kann zeigen, daß z.B. der Startvektor $\mathbf{y}_0 := \mathbf{e}_n := [0, \dots, 0, 1]^T$ eine nichtverschwindende Komponente in Richtung des Eigenvektors von A zum Eigenwert λ_1 besitzt.

16.3 Das Verfahren von Bernoulli

Die explizite Form der Iteration nach der Vorschrift (3) geht auf Bernoulli zurück. Der zugehörige Algorithmus lautet:

Bernoulli

Gegeben: $a_0 \neq 0, a_1, \dots, a_n;\ N$

Gesucht: λ_1 mit $\mathrm{pol}(\lambda_1) \approx 0;\ |\lambda_1| > |\lambda_{i+1}|$

Setze $y_1 := \dots\ y_{n-1} := 0;\ y_n = 1.$

Für $k = 1, 2, \dots, N$

bestimme $y_{k+n} := -\dfrac{1}{a_0}(a_1 y_{k+n-1} + \dots + a_n y_k).$

Setze $\lambda_1 := \dfrac{y_{N+n}}{y_{N+n-1}}.$

Das Verfahren konvergiert nur linear mit dem Konvergenzfaktor λ_2/λ_1, falls λ_1 und λ_2 die beiden betragsgrößten Nullstellen von (2) sind. Man führt daher nur wenige Schritte durch und verwendet die gewonnene Näherung als Startwert für ein schneller konvergentes Verfahren, z.B. das Verfahren von Newton.

Beispiel 1: Die lineare Differenzengleichung

$$y_{k+3} - y_{k+2} - 4y_{k+1} + 4y_k = 0$$

hat das charakteristische Polynom

$$\lambda^3 - \lambda^2 - 4\lambda + 4.$$

Eine Lösungsfolge ist

$$\dots, 0,\ 0,\ 1,\ 1,\ 5,\ 5,\ 21,\ 21,\ 85,\ 85, \dots .$$

Zwei benachbarte y_k haben die Quotienten

$$\dots, \infty,\ 1,\ 5,\ 1,\ 4.2,\ 1,\ 4.05,\ 1, \dots .$$

Offenbar konvergiert die Folge der Quotienten nicht. Das Beispiel wird in **17.3** wieder aufgegriffen.

16.4 Inverse Iteration

Setzt man in (2) $\lambda = 1/\mu$, so wird bei $\mu \neq 0$

$$\mathrm{rez}(\mu) := \mu^n\, \mathrm{pol}\left(\frac{1}{\mu}\right) = a_0 + a_1\mu + \dots + a_{n-1}\mu^{n-1} + a_n\mu^n$$

ein Polynom in μ. Ist $\lambda_n \neq 0$ die betragsmäßig kleinste Nullstelle von $\mathrm{pol}(\lambda)$, so ist $\mu_n := 1/\lambda_n$ die betragsmäßig größte von $\mathrm{rez}(\mu)$ und umgekehrt: Das Verfahren von Bernoulli für $\mathrm{rez}(\mu)$ liefert den reziproken Wert der betragsmäßig kleinsten Nullstelle von $\mathrm{pol}(\lambda)$.

Der zugehörige Algorithmus lautet

Bernoulli, invers

Gegeben:	$a_0, a_1, \dots, a_n \neq 0;\ N$
Gesucht:	λ_n mit $\operatorname{pol}(\lambda_n) \approx 0,\ \lvert\lambda_n\rvert < \lvert\lambda_{i+n}\rvert$
1	Setze $y_1 := \dots = y_{n-1} := 0,\ y_n := 1.$
2	Für $k = 1, 2, \dots, N$
3	bestimme $y_{k+n} := -\frac{1}{a_n}(a_{n-1}y_{k+n-1} + \dots + a_0 y_k).$
4	Setze $\lambda_n := \dfrac{y_{N+n-1}}{y_{N+n}}$.

Auch hier konvergiert y_k/y_{k+1} nur linear.

Beispiel 2: Man kann eine Näherung für λ_n auch so gewinnen: Die Fortsetzung der Lösungsfolge des Beispiels 1 nach links lautet

$$\dots,\ -\frac{21}{64},\ -\frac{5}{16},\ -\frac{5}{16},\ -\frac{1}{4},\ -\frac{1}{4},\ 0,\ 0,\ 1,\ \dots\ .$$

Zwei benachbarte y_k haben die Quotienten

$$\dots,\ \frac{20}{21},\ \frac{5}{5},\ \frac{4}{5},\ \frac{1}{1},\ 0,\ \dots\ .$$

Die Folge der Quotienten konvergiert nach links gegen 1. $\lambda = \frac{20}{21} \approx 0.95$ ist eine gute Näherung für die betragsmäßig kleinste Wurzel $\lambda_3 = 1$. Sie wurde in Beispiel *1* zu **15.3** nach Newton verbessert.

16.5 Aufgaben und Ergänzungen

1. Hat das charakteristische Polynom (2) einer linearen Differenzengleichung (1) eine Doppelwurzel $\lambda_i = \lambda_{i+1}$, so ist auch die Folge der $y_k := k\,\lambda_i^{k-1}$ Lösung von (1).
2. Die lineare Konvergenz der Quotienten beim Verfahren von Bernoulli kann zweckmäßig mittels des Δ^2-Prozesses von Aitken **13.4** beschleunigt werden.
3. Hat das charakteristische Polynom (2) ein Paar betragsgrößter konjugiert komplexer Nullstellen $r e^{\pm i\varphi}$, $0 < \varphi < \pi$, so konvergiert die Folge der Lösungen $[p_k, q_k]^T$ der linearen Gleichungssysteme

$$\begin{bmatrix} y_{k-3} & y_{k-2} \\ y_{k-2} & y_{k-1} \end{bmatrix} \begin{bmatrix} p_k \\ q_k \end{bmatrix} + \begin{bmatrix} y_{k-1} \\ y_k \end{bmatrix} = \begin{bmatrix} 0 \\ 0 \end{bmatrix},$$

gegen $[r^2, -2r\cos\varphi]^T$. Dabei sind die y_k Elemente einer Lösungsfolge von (1).

17 Das QD-Schema

Das Verfahren von Bernoulli liefert lediglich Näherungen betragsgrößter oder betragskleinster Wurzeln eines Polynoms. Eine Verallgemeinerung ist das QD-Schema von Rutishauser (1954), es liefert in bestimmten Fällen Näherungen für alle Wurzeln.

17.1 Der LR-Algorithmus für tridiagonale Matrizen

Die LR-Zerlegung einer tridiagonalen Matrix A, deren obere Nebendiagonale aus Einsen besteht, kann, falls sie existiert, so geschrieben werden:

$$A = \begin{bmatrix} q_1 & 1 & & \\ e_1 \cdot q_1 & e_1 + q_2 & \ddots & \\ & \ddots & \ddots & 1 \\ & & e_{n-1} \cdot q_{n-1} & e_{n-1} + q_n \end{bmatrix} = \begin{bmatrix} 1 & & & \\ e_1 & 1 & & \\ & \ddots & \ddots & \\ & & e_{n-1} & 1 \end{bmatrix} \cdot \begin{bmatrix} q_1 & 1 & & \\ & q_2 & \ddots & \\ & & \ddots & 1 \\ & & & q_n \end{bmatrix} = LR$$

Beim LR-Algorithmus **12.1** zur Bestimmung der Eigenwerte von A werden L und R in umgekehrter Reihenfolge multipliziert:

$$A' = RL = \begin{bmatrix} e_1 + q_1 & 1 & & \\ e_1 \cdot q_2 & e_2 + q_2 & \ddots & \\ & \ddots & \ddots & 1 \\ & & e_{n-1} \cdot q_n & q_n \end{bmatrix}$$

und das Produkt, falls möglich, LR-zerlegt. Ein Vergleich des Produktes RL mit seiner LR-Zerlegung $L'R'$ liefert mit $e'_0 = e'_n = 0$ für $k = 1, 2, \dots, n$ die folgenden Regeln zur Bestimmung der e'_k, q'_k:

$$e'_{k-1} + q'_k = e_k + q_k \,, \qquad e'_k \cdot q'_k = e_k \cdot q_{k+1} \,.$$

Sie werden i. a. anschaulich als **Rhombenregeln**

notiert: Die Summen (Produkte) der Elemente oben und rechts und der Elemente links und unten sind gleich.

Diese Rhombenregeln gestatten bei einer Anordnung der Elemente e_k, q_k von L und R in einer Schrägzeile, die e'_k, q'_k der LR-Zerlegung $L'R'$ übersichtlich zu berechnen.

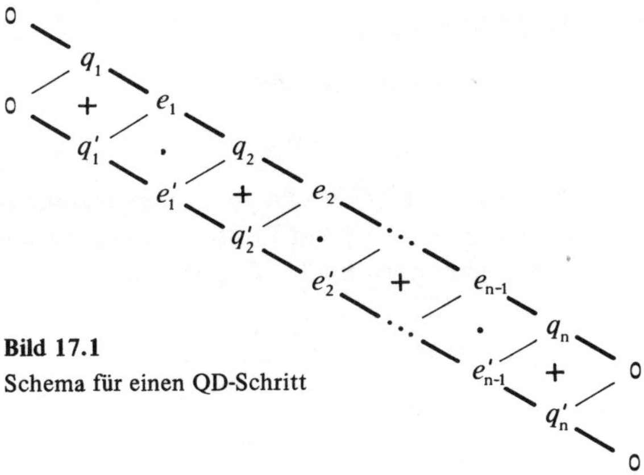

Bild 17.1
Schema für einen QD-Schritt

Der zugehörige Algorithmus lautet:

QD-Schritt

Gegeben: $e_1, \dots, e_{n-1};\ q_1, \dots, q_n$
Gesucht: $e'_1, \dots, e'_{n-1};\ q'_1, \dots, q'_n$

Setze $e_0 := 0$
Für $k = 1, 2, \dots, n-1$
  bestimme $q_k := q_k + e_k - e_{k-1}$,
  falls $q_k = 0$: Halt,
  bestimme $e_k := e_k \dfrac{q_{k+1}}{q_k}$
bestimme $q_n := q_n - e_{n-1}$

Man beachte: Der Algorithmus versagt, falls ein q_k, $k = 1, 2, \dots, n-1$, verschwindet. Wegen der Form der Formeln für e_k und q_k heißt der Algorithmus **Quotienten-Differenzen-Algorithmus.** Es gilt

Satz 1: Sind alle Eigenwerte von A von verschiedenem Betrag, d.h. gilt

$$|\lambda_1| > |\lambda_2| > \dots > |\lambda_n| ,$$

so konvergieren bei Wiederholungen des QD-Schrittes die e_k gegen Null und die q_k gegen die (i.a. geordneten) Eigenwerte von A.

Das folgt direkt aus **12.2**. Das zugehörige Schema heißt QD-Schema.

17.2 Das QD-Schema für Polynome

Es gibt verschiedene Wege, zu einem gegebenen Polynom

$$\mathrm{pol}(\lambda) = a_0 \lambda^n + a_1 \lambda^{n-1} + \ldots + a_n, \quad a_0 \neq 0 ,$$

tridiagonale Matrizen A anzugeben, die das gegebene Polynom zum charakteristischen Polynom haben. Für den Fall, daß alle $a_i \neq 0$ sind, hat Rutishauser eine besonders einfache Form angegeben. Er startet mit einer horizontalen Doppelzeile

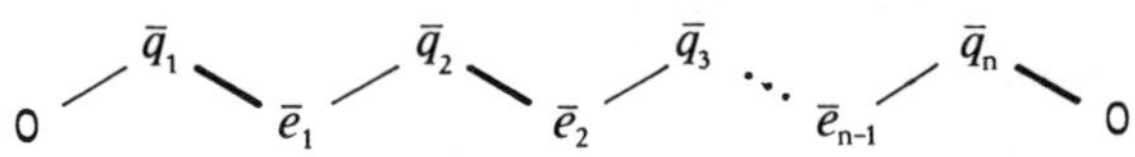

in der er

$$\bar{q}_1 := -\frac{a_1}{a_0} \quad \text{und} \quad \bar{q}_2 = \ldots = \bar{q}_n := 0 \qquad \text{und}$$

$$\bar{e}_1 := \frac{a_2}{a_1}, \ldots, \qquad \bar{e}_{n-1} := \frac{a_n}{a_{n-1}}$$

setzt, und bestimmt beginnend in der rechten oberen Ecke die Schrägzeilen nach den Rhombenregeln.

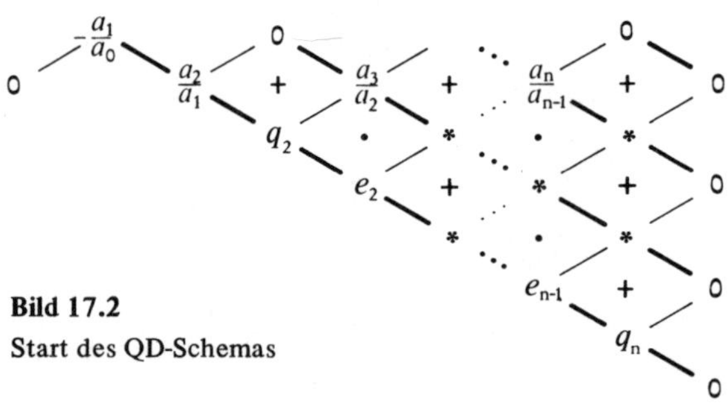

Bild 17.2
Start des QD-Schemas

Es gilt:

Satz 2: Die zu einer vollständigen Schrägzeile gehörige Tridiagonalmatrix LR hat das gegebene Polynom zum charakteristischen Polynom.

Der Beweis ist recht langwierig und soll hier nicht gebracht werden. Der zugehörige Algorithmus lautet:

Start QD-Schema

Gegeben: $a_0 \neq 0, \ldots, a_n \neq 0$

Gesucht: $e_1, \ldots, e_{n-1};\ q_1, \ldots, q_n$

Setze $e_0 := e_n := q_2 := q_3 := \ldots := q_n := 0;\ q_1 := -\dfrac{a_1}{a_0}$.

Für $i = n, n-1, \ldots, 2$

  setze $e_{i-1} := \dfrac{a_i}{a_{i-1}}$ und

  für $k = i, i+1, \ldots, n-1$

    bestimme $q_k := q_k + e_k - e_{k-1}$,

    falls $q_k = 0$: Halt,

    bestimme $e_k := e_k \dfrac{q_{k+1}}{q_k}$.

  Bestimme $q_n := q_n - e_{n-1}$.

Bemerkung 1: Man kann zeigen, daß mit diesem Start die erste Spalte des QD-Schemas mit der Folge der nach Bernoulli bestimmten Quotienten übereinstimmt, falls man dort $[0, \ldots, 0, 1]^T$ zum Startvektor nimmt.

17.3 Betragsgleiche Wurzelpaare

Für betragsgleiche Eigenwerte von A, etwa $|\lambda_{j+1}| = |\lambda_j|$, konvergieren nach **12.3** die e_j einer Spalte des QD-Schemas nicht gegen Null und daher A' nicht gegen eine obere Dreiecksmatrix. Ist aber das Paar isoliert, d.h. ist

$$\ldots \geq |\lambda_{j-1}| > |\lambda_j| = |\lambda_{j+1}| > |\lambda_{j+2}| \geq \ldots,$$

so konvergieren die e_{j-1} und e_{j+1} nach **12.3** gegen Null, während die Untermatrizen

$$Q := \begin{bmatrix} q_j & 1 \\ e_j q_j & e_j + q_{j+1} \end{bmatrix}$$

i.a. divergieren, ihre Eigenwerte aber konvergieren gegen λ_j und λ_{j+1}. Daher ist

$$\det[Q - \lambda E] = \lambda^2 - (q_j + e_j + q_{j+1})\,\lambda + q_j\, q_{j+1}$$

eine Näherung für den quadratischen Faktor $(\lambda - \lambda_j)(\lambda - \lambda_{j+1})$ des charakteristischen Polynoms von A. Die Koeffizienten lassen sich bequem aus der letzten Schrägzeile des QD-Schemas ablesen.

Beispiel 1: Für das Polynom

$$\lambda^3 - \lambda^2 - 4\lambda + 4$$

hat das nach Rutishauser gestartete QD-Schema die Gestalt

	1		0		0	
0	+	4	+	-1	+	0
	5	•	-5	•	1	
0	+	-4	+	0.2	+	0
	1	•	-0.8	•	0.8	
0	+	3.2	+	-0.2	+	0
	4.2	•	-4.2	•	1	
0	+	-3.2		0.05		0
	1	⋮	-0.95	⋮	0.95	
	⋮		⋮		⋮	

Man rechnet bequemer zeilenweise. Offenbar geht e_2 nach Null, nicht aber e_1. Daher ist $\lambda - 0.95$ eine Näherung für einen linearen und $\lambda^2 - (4.2 - 3.2 - 0.95)\,\lambda - 0.95 \cdot 4.2$ für einen quadratischen Faktor des Polynoms. Sie wurden bereits in **15.3** und **15.5** nach Newton und Bairstow verbessert.

Die berechneten Elemente der ersten Spalte des QD-Schemas stimmen mit den nach Bernoulli berechneten Quotienten in Beispiel *1* zu **16.3** überein.

17.4 Aufgaben und Ergänzungen

1. Der mögliche Aufbau des QD-Schemas aus der ersten, nach Bernoulli berechneten Spalte ist numerisch höchst instabil. Es gelingt i.a. nicht, die letzte Spalte der e_n zum Verschwinden zu bringen.
2. Die Summe der q_j einer Zeile des QD-Schemas ist unabhängig von der Zeile gleich $-\dfrac{a_1}{a_0}$. Man kann das zur Rechenkontrolle ausnutzen.
3. Das Produkt der q_j einer Schrägzeile des QD-Schemas ist unabhängig von der Schrägzeile gleich $(-1)^n \dfrac{a_n}{a_0}$.
4. Das QD-Schema läßt sich analog auch für die näherungsweise Bestimmung der Nullstellen von Potenzreihen aufbauen und verwenden, indem man nacheinander die Linksschrägzeilen aufbaut.

IV Interpolation und diskrete Approximation

Eine wichtige Aufgabe ist die Annäherung einer komplizierten Funktion $f(x)$ durch eine einfachere $a(x)$. Am einfachsten löst man das Problem, indem man zwischen diskreten Werten von f interpoliert.

18 Interpolation

Oft werden Funktionen f in einer oder mehreren Veränderlichen in einer Tabelle gegeben:

x_0	x_1	...	x_n
f_0	f_1	...	f_n

,

	y_0	...	y_m
x_0	$f_{0,0}$	...	$f_{0,m}$
$\vdots$	$\vdots$		$\vdots$
x_n	$f_{n,0}$	...	$f_{n,m}$

Für nicht tabellierte Zwischenwerte kann man die Werte von f nicht entnehmen, man muß zwischen benachbarten Tabellenwerten **interpolieren.**

18.1 Interpolationspolynome

Das Interpolationsproblem in einer Veränderlichen läßt sich anschaulich so formulieren:

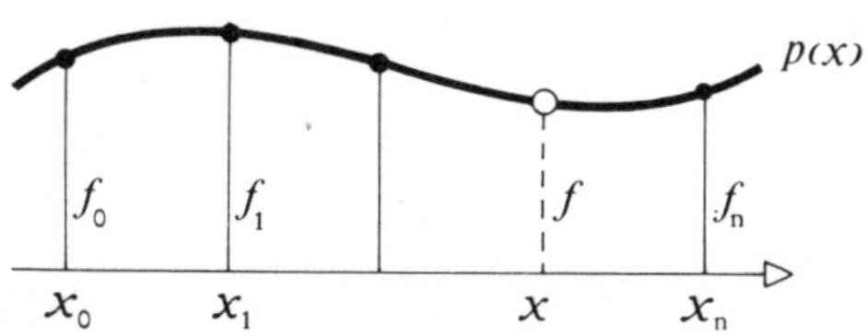

Bild 18.1
Interpolationspolynom

Durch $n + 1$ verschiedene Punkte mit den Koordinaten x_i, f_i ist eine Kurve $p(x)$ zu legen und der Kurvenpunkt an der Stelle x zu bestimmen. Die x_i heißen **Stützstellen,** sie sollen paarweise verschieden sein, die zugehörigen f_i heißen **Stützwerte,** die zugehörigen Punkte (x_i, f_i) heißen **Knoten.**

Es liegt nahe, zur Interpolation Polynome zu verwenden, dann gilt:

Satz 1: Zu $n + 1$ verschiedenen Stützstellen $x_0, \dots, x_n$ mit Stützwerten $f_0, \dots, f_n$ gibt es genau ein Polynom $\mathrm{pol}(x)$ höchstens vom Grad n, für das

$$\mathrm{pol}(x_i) = f_i; \quad i = 0, \dots, n,$$

gilt.

Zum Beweis betrachtet man ein Polynom vom Grad n [1])

(1) $$\mathrm{pol}(x) = c_0 + c_1 x + \ldots + c_{n-1} x^{n-1} + c_n x^n.$$

Setzt man nacheinander die $n + 1$ Knoten ein, so erhält man ein lineares Gleichungssystem

$$\begin{bmatrix} 1 & x_0 & \ldots & x_0^n \\ \vdots & \vdots & & \vdots \\ 1 & x_n & \ldots & x_n^n \end{bmatrix} \begin{bmatrix} c_0 \\ \vdots \\ c_n \end{bmatrix} = \begin{bmatrix} f_0 \\ \vdots \\ f_n \end{bmatrix}$$

für die c_k. Seine Matrix ist die sogenannte Vandermonde-Matrix, sie ist für paarweise verschiedene x_i regulär. Die c_k sind also eindeutig durch die Knoten bestimmt. Möglicherweise sind aber auch einige, z. B. auch c_n, gleich Null.

Das Interpolationspolynom durch die Knoten $i, k, l, \ldots$ werde der Einfachheit halber mit $p_{i,k,l,\ldots}(x)$ bezeichnet.

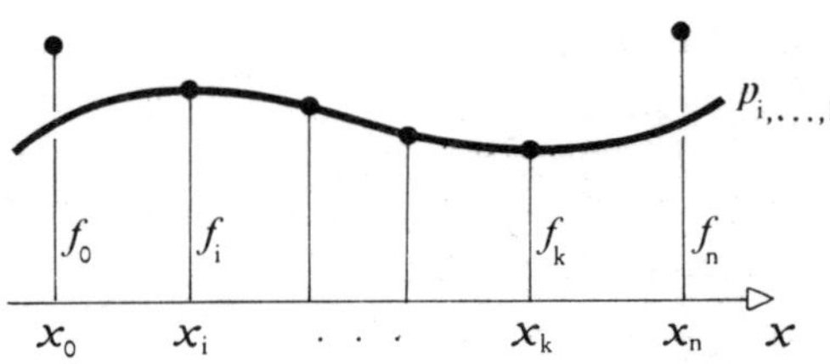

Bild 18.2
Teilinterpolation

Bemerkung 1: Die Bezeichnung $p_{i,k,l,\ldots}$ ist unabhängig von der Reihenfolge der Knoten und der Indizes. Insbesondere ist

$$f_i = p_i \quad \text{und} \quad \mathrm{pol}(x) = p_{0,\ldots,n}(x).$$

18.2 Lagrange-Polynome

Die Polynome vom Grad kleiner oder gleich n bilden bekanntlich einen Vektorraum der Dimension $n + 1$. In ihm bilden die Polynome $1, x, x^2, \ldots, x^n$ eine Basis für die Darstellung (1).

Eine andere, von den Stützstellen x_i abhängende Basis hat Lagrange angegeben, nämlich

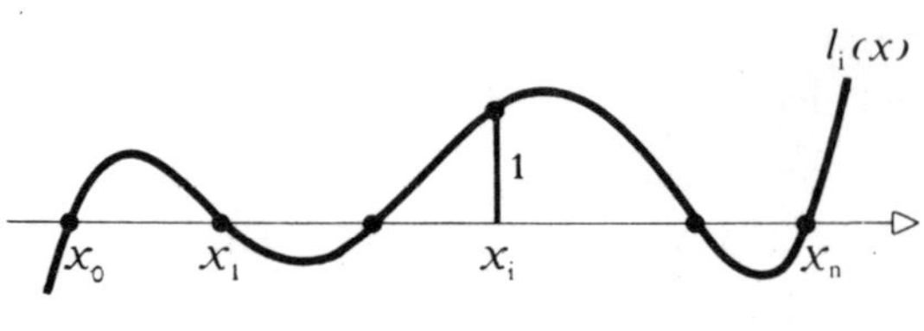

Bild 18.3
Lagrange-Polynom

[1]) Die Indizierung ist eine andere als in **15**.

die $n+1$ Polynome $l_i(x)$, die an einer Stützstelle x_i den Wert 1 annehmen, an den übrigen n Stützstellen aber verschwinden. Für sie gilt also

$$l_i(x_k) = \delta_{i,k} := \begin{cases} 1 & \text{für } i = k \\ 0 & \text{für } i \neq k. \end{cases}$$

Die $l_i(x)$ sind nach Satz 1 eindeutig bestimmt und lassen sich einfach angeben:

Damit $l_i(x)$ die vorgeschriebenen Nullstellen hat, muß mit einer geeigneten Konstanten a_i

$$l_i(x) = a_i (x - x_0) \ldots (x - x_{i-1})(x - x_{i+1}) \ldots (x - x_n)$$

sein, und damit $l_i(x)$ für $x = x_i$ den Wert 1 annimmt, muß

$$a_i = \frac{1}{(x_i - x_0) \ldots (x_i - x_{i-1})(x_i - x_{i+1}) \ldots (x_i - x_n)}$$

sein.

Bemerkung 2: Diese Ausdrücke vereinfachen sich im Fall äquidistanter Stützstellen

$$x_i := x_0 + ih.$$

Dann nämlich wird mit einer neuen Variablen s, die in $x_0, \ldots, x_n$ die Werte $0, \ldots, n$ annimmt,

$$x = x_0 + sh,$$

und das Lagrangepolynom $l_i(x)$ erhält wegen

$$\frac{x - x_k}{x_i - x_k} = \frac{(x_0 + sh) - (x_0 + kh)}{(x_0 + ih) - (x_0 + kh)} = \frac{s-k}{i-k}$$

die einfachere Form

$$l_i(x(s)) = \frac{(s-0) \ldots (s-i+1)(s-i-1) \ldots (s-n)}{(i-0) \ldots \quad (1)(-1) \quad \ldots (i-n)}.$$

18.3 Lagrange-Interpolation

Mit den Lagrange-Polynomen $l_i(x)$ ist

(2) $$f(x) := \text{pol}\,(x) = f_0 l_0(x) + \ldots + f_n l_n(x).$$

Das folgt sofort durch Einsetzen der Knoten, es ist

$$\text{pol}\,(x_k) = \sum_{i=0}^{n} f_i l_i(x_k) = \sum_{i=0}^{n} f_i \delta_{i,k} = f_k.$$

Um (2) auszuwerten, zieht man aus allen $l_i(x)$ das Produkt

$$a := (x - x_0) \ldots (x - x_n)$$

heraus. Wegen $l_i(x) = a_i \dfrac{a}{x - x_i}$, $x \neq x_i$, läßt sich (2) mit der Abkürzung $q_i := \dfrac{a_i}{x - x_i}$ so schreiben:

$$f = \mathrm{pol}(x) = a\,(f_0\, q_0 + \ldots + f_n\, q_n).$$

Da a und die q_i nicht von den f_i abhängen, kann man zur Bestimmung von a die f_i gleich 1 setzen. Dann ist auch $f = 1$ und daher

$$a = \frac{1}{q_0 + \ldots + q_n} =: \frac{1}{q}\ .$$

Damit wird $l_i(x) = q_i/q$ und

$$f = \frac{f_0\, q_0 + \ldots + f_n\, q_n}{q}\ .$$

Das heißt: f ist das mit den q_i **gewogene Mittel** der f_i.

Der Algorithmus lautet:

Lagrange

Gegeben: $x_0, \ldots, x_n$, x verschieden; $f_0, \ldots, f_n$

Gesucht: $f = \mathrm{pol}(x)$

1 Für $i = 0, 1, \ldots, n$

2 setze $q_i := 1$

3 für $k = 0, 1, \ldots, n;\ k \neq i$,

4 setze $q_i := q_i(x_i - x_k)$,

5 setze $q_i := \dfrac{1}{q_i(x - x_i)}$

6 bestimme $f := \dfrac{f_0\, q_0 + \ldots + f_n\, q_n}{q_0 + \ldots + q_n}$

Die Anweisungen **2**, **3** und **4** bestimmen a_i, das der Einfachheit halber mit q_i bezeichnet wird.

Beispiel 1: Es soll das durch die Tabelle

$x_i =$	0	1	2
$f_i =$	8	5	4

gegebene f an der Stelle $x = 3$ extrapoliert werden. Es ist, falls man zweckmäßig $x - x_i$ durch $-(x_i - x)$ ersetzt,

$$q_0 = \frac{-1}{(0-1)(0-2)(0-3)} = +\frac{1}{6},$$

$$q_1 = \frac{-1}{(1-0)(1-2)(1-3)} = -\frac{3}{6},$$

$$q_2 = \frac{-1}{(2-0)(2-1)(2-3)} = +\frac{3}{6},$$

und mit $q = \frac{1}{6} - \frac{3}{6} + \frac{3}{6} = \frac{1}{6}$ dann $f = 8 \cdot 1 - 5 \cdot 3 + 4 \cdot 3 = 5$.

18.4 Newton-Interpolation

Eine andere, ebenfalls von den Stützstellen abhängende Basis hat Newton angegeben,

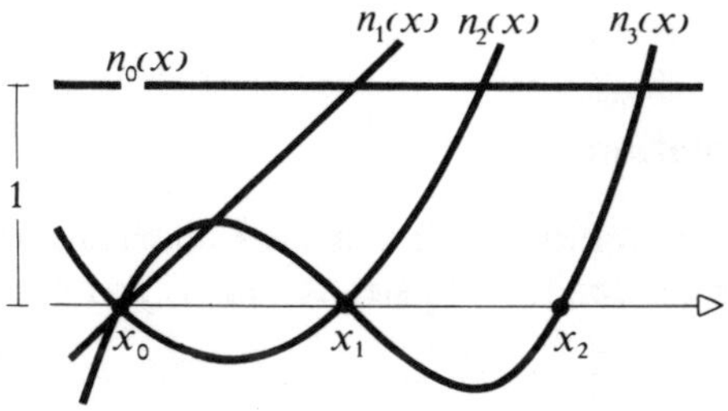

Bild 18.4
Newton-Polynome

nämlich die $n + 1$ normierten Polynome $n_i(x)$ vom Grad i, die an den ersten i Stützstellen verschwinden:

$$n_i(x) := (x - x_0) \dots (x - x_{i-1}).$$

Mit diesen Newtonpolynomen hat das Interpolationspolynom (1) die Darstellung

(3) $$\operatorname{pol}(x) = f_0\, n_0(x) + f_{0.1}\, n_1(x) + \dots + f_{0, \dots, n}\, n_n(x).$$

Die $f_{0,\dots,i}$ heißen **dividierte Differenzen.** Für sie gilt die Rekursionsformel

$$f_{i,\dots,k} = \frac{f_{i,\dots,k-1} - f_{i+1,\dots,k}}{x_i - x_k},$$

die hier ohne Beweis angegeben sei. Die Bestimmung der $f_{0,\dots,i}$ nach dieser Formel erfolgt am besten in dem **Schema von Newton:**

$$\begin{array}{rc|ccccc}
 & x_0 & f_0 & & & & \\
i\ — & \underline{x_1} & f_1 & f_{0,1} & & & \\
 & x_2 & f_2 & \underline{f_{1,2}} & f_{0,1,2} & & \\
k\ — & \underline{x_3} & f_3 & \underline{f_{2,3}} & \underline{\underline{f_{1,2,3}}} & f_{0,1,2,3} & \\
 & \vdots & \vdots & \vdots & & \vdots & \ddots \\
 & x_n & f_n & f_{n-1,n} & \dots & \dots & f_{0,1,\dots,n}
\end{array}$$

Die an der Bestimmung von $f_{i,\dots,k}$ beteiligten Werte sind für $i = 1$, $k = 3$ hervorgehoben.

Der Vorteil der Darstellung von Newton liegt darin, daß die ersten $i + 1$ Glieder von (3) die ersten $i + 1$ Knoten interpolieren. Damit läßt sich der Grad des Interpolationspolynoms einfach erniedrigen oder erhöhen.

Beispiel 2: Für die Aufgabe des Beispiels *1* ist

$$n_0 = 1,\; n_1(3) = (3-0) = 3,\; n_2(3) = (3-0)(3-1) = 6.$$

Das Schema der dividierten Differenzen lautet

$$\begin{array}{c|ccc} 0 & 8 & & \\ 1 & 5 & -3 & \\ 2 & 4 & -1 & 1\,. \end{array}$$

Damit wird $f = 8 \cdot 1 - 3 \cdot 3 + 1 \cdot 6 = 5$.

18.5 Mehrdimensionale Interpolation

Das Interpolationsproblem in zwei Veränderlichen läßt sich anschaulich analog formulieren. Durch $(n + 1)(m + 1)$ Knoten mit den Koordinaten x_i, y_k, $f_{i,k}$; $i = 0, \dots, n$;

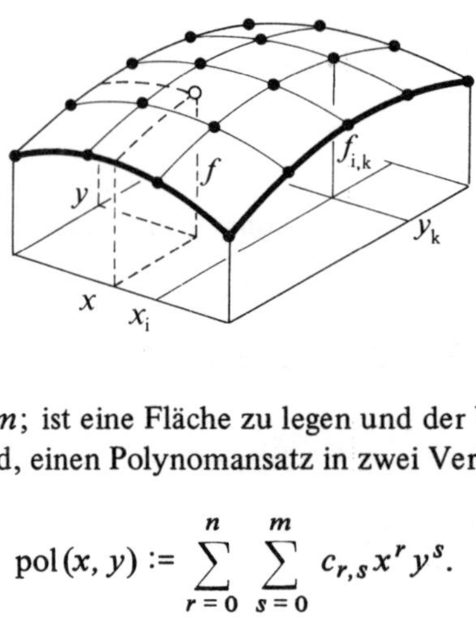

Bild 18.5
Interpolationsfläche

$k = 0, \dots, m$; ist eine Fläche zu legen und der Wert $f(x, y)$ zu bestimmen. Hier ist es naheliegend, einen Polynomansatz in zwei Veränderlichen zu versuchen:

$$\operatorname{pol}(x, y) := \sum_{r=0}^{n} \sum_{s=0}^{m} c_{r,s} x^r y^s.$$

Setzt man darin die Knoten ein, so erhält man ein lineares Gleichungssystem für die $(n + 1)(m + 1)$ Koeffizienten $c_{r,s}$, das man in Matrizen so schreiben kann:

$$\begin{bmatrix} 1 & x_0 \dots x_0^n \\ \vdots & \vdots \quad\; \vdots \\ 1 & x_n \dots x_n^n \end{bmatrix} \begin{bmatrix} c_{0,0} & \cdots & c_{0,m} \\ \vdots & & \vdots \\ c_{n,0} & \cdots & c_{n,m} \end{bmatrix} \begin{bmatrix} 1 & \dots & 1 \\ y_0 & \dots & y_m \\ \vdots & & \vdots \\ y_0^m & \dots & y_m^m \end{bmatrix} = \begin{bmatrix} f_{0,0} & \cdots & f_{0,m} \\ \vdots & & \vdots \\ f_{n,0} & \cdots & f_{n,m} \end{bmatrix}.$$

Es besitzt eine eindeutige Lösung, falls die Stützstellen x_i und die Stützstellen y_k paarweise verschieden sind.

Für die praktische Auswertung sind jedoch auch hier andere Basisdarstellungen vorzuziehen, z.B. nach Lagrange diejenigen Polynomen $l_{i,k}(x, y)$ in zwei Variablen, die an allen Stützstellen verschwinden, bis auf eine, wo sie den Wert 1 annehmen, also mit

$$(4) \qquad l_{i,k}(x_r, y_s) = \delta_{i,r}\,\delta_{k,s}.$$

Sie lassen sich einfach angeben: Sind $l_i(x)$ und $m_k(y)$ die Lagrangepolynome für die Stützstellen x_i bzw. y_k, so genügt

$$l_{i,k}(x, y) := l_i(x)\, m_k(y)$$

offenbar der Bedingung (4).

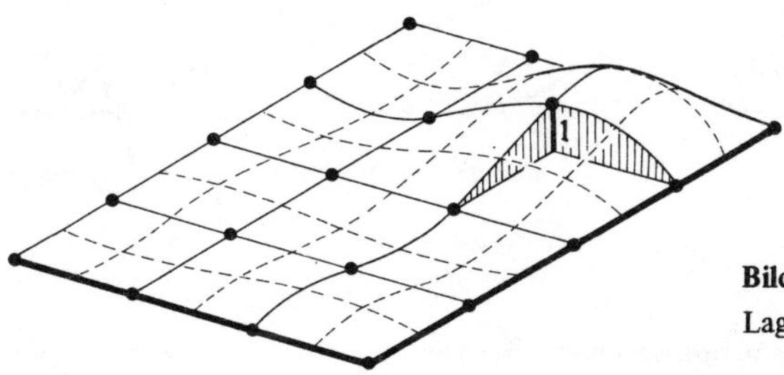

Bild 18.6
Lagrange-Fläche

Damit wird

$$f = \sum_{i=0}^{n} \sum_{k=0}^{m} f_{i,k}\, l_i(x)\, m_k(y),$$

was man wie (2) mit $l_i(x) = q_i/q$ und analog mit $m_k(y) = r_k/r$ auch als gewogenes Mittel

$$f = \frac{1}{q \cdot r} \sum_{i=0}^{n} \sum_{k=0}^{m} f_{i,k}\, q_i r_k$$

schreiben und auswerten kann.

18.6 Flächen von Coons und Gordon

Eine andersartige Methode der zweidimensionalen Interpolation geht auf **Coons** 1967 zurück: Er interpoliert die Netzlinien $x = x_i$, $y = y_j$ einer (gedachten) Fläche $f(x, y)$. Coons benutzt ebenfalls ein eindimensionales Interpolationsschema P und bezeichnet mit

$P_x f$ die Interpolierende der Punkte $x = x_i$ der Linie $y =$ fest von f,

$P_y f$ die Interpolierende der Punkte $y = y_j$ der Linie $x =$ fest von f.

Damit interpoliert $P_x(P_y f)$ die Punkte $x = x_i$ der Linie y = fest von $P_y f$ etc. Für „anschauliche“ Flächen f, d.h. widerspruchsfreie Flächen, gilt dann

$$P_x P_y f = P_y P_x f.$$

Coons überlagert diese drei Interpolationsflächen, indem er die **Boolesche Summe**

$$Qf = (P_x \oplus P_y) f = (P_x + P_y - P_x P_y) f$$

bildet. Es ist leicht einzusehen, daß Qf tatsächlich die Netzlinie von f interpoliert.
Als Interpolationsschemata können unterschiedliche P dienen: Lagrange- oder Hermiteinterpolierende oder sogar Taylorapproximierende etc., Bild 18.7 zeigt einige Beispiele.

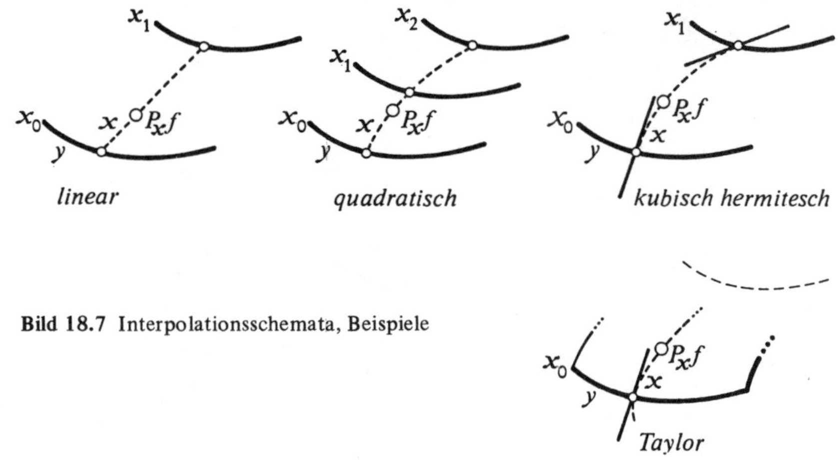

Bild 18.7 Interpolationsschemata, Beispiele

Beispiel 3: Bild 18.8 zeigt den einfachen Fall der Konstruktion einer Coonsschen Fläche durch lineare Interpolation gegenüberliegender Randpunkte.

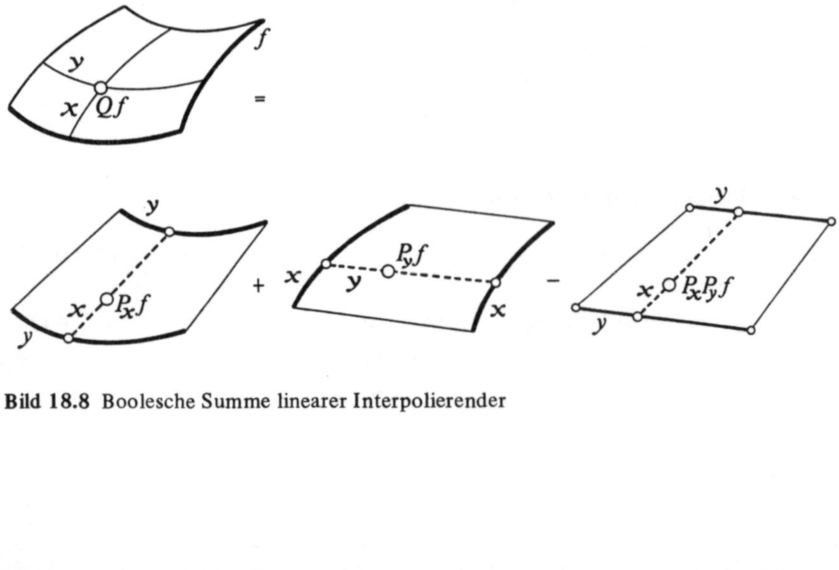

Bild 18.8 Boolesche Summe linearer Interpolierender

Mit den üblichen Bezeichnungen $f(x_0, y)$ etc. für die Ränder von f und den linearen Lagrangepolynomen $l_i(x)$ und $m_j(y)$ läßt sich diese Fläche von Coons in Matrizen so schreiben:

$$Qf = -[-1, l_0(x), l_1(x)] \left[\begin{array}{c|cc} 0 & f(x, y_0) & f(x, y_1) \\ \hline f(x_0, y) & f(x_0, y_0) & f(x_0, y_1) \\ f(x_1, y) & f(x_1, y_0) & f(x_1, y_1) \end{array}\right] \begin{bmatrix} -1 \\ m_0(y) \\ m_1(y) \end{bmatrix}$$

Bemerkung 1: Indem man l_0, l_1 bzw. m_0, m_1 durch die kubischen Hermitepolynome h_0, h_3 (vgl. **20.5**) ersetzt, erreicht man sogar, daß zwei aneinanderstoßende Coonssche Flächen mit einem gemeinsamen Rand und tangentiellem Übergang der Längsränder selbst tangentiellen Übergang besitzen. Die Konstruktion solcher zusammengesetzter Flächen war Ausgangspunkt für die Überlegungen von Coons.

Bemerkung 2: Die üblichen zweidimensionalen Interpolationsschemata aus **18.5** interpolieren nur eine endliche Anzahl von Stützwerten, sie heißen daher *finit*. Dagegen interpolieren die Flächen von Coons und ihre Verallgemeinerungen von Gordon Punkt für Punkt die Linien eines ganzen Netzes, sie sind daher *transfinit*.

18.7 Das Lemma von Aitken

Für $n = 1$ erhält man aus (2) die bekannte Formel

$$f = f_0 \frac{x - x_1}{x_0 - x_1} + f_1 \frac{x - x_0}{x_1 - x_0}$$

für die **lineare Interpolation** durch das Polynom $p_{0,1}$.

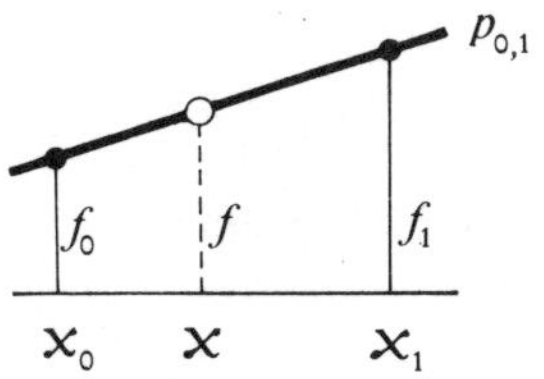

Bild 18.9 Lineare Interpolation

Diese Formel benutzt Aitken zur Konstruktion von $p_{i,\ldots,k}$. Es gilt nämlich o.B.d.A. bei geeigneter einfacher Wahl der Indizes für zwei verschiedene Polynome $p_{i,\ldots,k-1}$ und $p_{i+1,\ldots,k}$, von denen jedes mit $p_{i,\ldots,k}$ $k - i$ Knoten gemein hat, das

Lemma von Aitken: $p_{i,\dots,k}(x)$ ergibt sich aus $p_{i,\dots,k-1}(x)$ und $p_{i+1,\dots,k}(x)$ durch lineare Interpolation

$$p_{i,\dots,k}(x) = \frac{(x_k - x)\,p_{i,\dots,k-1}(x) - (x_i - x)\,p_{i+1,\dots,k}(x)}{x_k - x_i}.$$

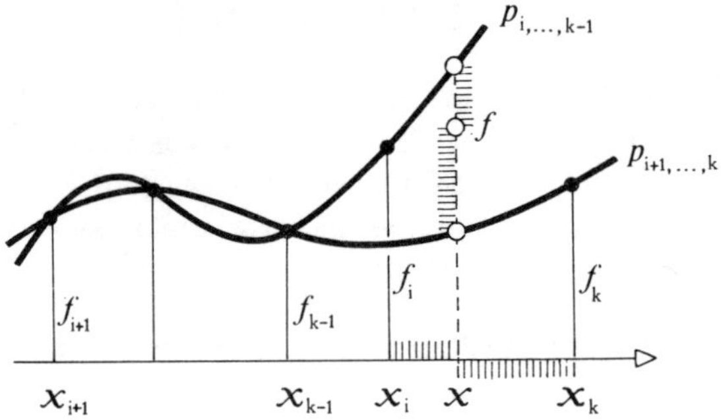

Bild 18.10 Lemma von Aitken

Zum Beweis setzt man $x = x_i, x = x_{i+1}, \dots, x = x_k$. Wegen $p_{i,\dots,k-1}(x_i) = f_i$ usw. wird dann

$$p_{i,\dots,k}(x_i) = \frac{(x_k - x_i) f_i}{x_k - x_i} = f_i\,,$$

$$p_{i,j,\dots,k}(x_j) = \frac{(x_k - x_j) f_j - (x_i - x_j) f_j}{x_k - x_i} = f_j\,,$$

$$p_{i,\dots,k}(x_k) = \frac{-(x_i - x_k) f_k}{x_k - x_i} = f_k\,.$$

Sind $p_{i,\dots,k-1}, p_{i+1,\dots,k}$ höchstens vom Grad r, so ist $p_{i,\dots,k}$ höchstens vom Grad $r+1$ und ist damit nach Satz 1 das eindeutig bestimmte Interpolationspolynom durch die Knoten $i, \dots, k$.

18.8 Das Schema von Neville

Das Lemma von Aitken gestattet, ein Interpolationspolynom $p_{0,\dots,n}(x)$ und insbesondere seinen Wert an einer Stelle x durch **fortgesetzte lineare Interpolation** aus den Konstanten $p_0 = f_0, \dots, p_n = f_n$ aufzubauen. Hierfür haben Aitken, Neville und andere verschiedene Schemata angegeben. Zum Beispiel bestimmt Neville der Reihe nach alle Interpolationspolynome $p_{i,\dots,k}$ durch alle $2, 3, \dots, n+1$ in den Indizes benachbarte Knoten. Die $p_{i,\dots,k}$ werden dazu mit den $x_k - x$ bequemerweise in folgendem **Schema von Neville**

$$
\begin{array}{rr|lllll}
 & x_0 - x & p_0 & & & & \\
i\ — & \underline{x_1 - x} & p_1 & p_{0,1} & & & \\
 & x_2 - x & p_2 & \underline{p_{1,2}} & p_{0,1,2} & & \\
k\ — & \underline{x_3 - x} & p_3 & \underline{p_{2,3}} & \underline{\underline{p_{1,2,3}}} & p_{0,1,2,3} & \\
 & \vdots & \vdots & \vdots & \vdots & \ddots & \\
 & x_n - x & p_n & p_{n-1,n} \;\dots & \dots & & p_{0,\dots,n}\,.
\end{array}
$$

angeordnet.

Die $p_{i,\dots,k}$ werden nach dem Lemma von Aitken zeilenweise oder auch spaltenweise bestimmt. Die beteiligten Werte sind für $i = 1$, $k = 3$ als Beispiel hervorgehoben.

Der Algorithmus für spaltenweise Bestimmung der $p_{i,\dots,k}$ mit Überschreiben der Spalten lautet:

Neville

Gegeben: $x_0, \dots, x_n$ verschieden; $f_0, \dots, f_n$; x

Gesucht: $p_n := p_{0,\dots,n}$

Für $k = 0, 1, \dots, n$

  setze $p_k := f_k$.

Für $j = 1, 2, \dots, n$

  und für $k = n, n-1, \dots, j$

   bestimme $p_k := \dfrac{(x_k - x)\, p_{k-1} - (x_{k-j} - x)\, p_k}{x_k - x_{k-j}}$.

Bemerkung 3: Hier wird nicht $x \neq x_i$ vorausgesetzt.

Beispiel 4: Für die Aufgabe des Beispiels *1* wird das Schema von Neville

$$
\begin{array}{c|lll}
0-3 & 8 & & \\
1-3 & 5 & -1 & \\
2-3 & 4 & 3 & 5.
\end{array}
$$

Damit ist $f = p_{0,1,2}(3) = 5$.

18.9 Aufgaben und Ergänzungen

1. Man beweise mit Hilfe des Lemmas von Aitken die Rekursionsformel für die dividierten Differenzen $f_{i,\dots,k}$.
2. Eine Funktion $f(x)$ ist ein Polynom vom Höchstgrad n, wenn für je $n+1$ verschiedene Stützstellen $x_0, \dots, x_n$ die $(n+1)$-te dividierte Differenz $f_{0,\dots,n}$ verschwindet.
3. Unter **hermitescher Interpolation** versteht man die Bestimmung eines Polynoms pol(x), das an $n+1$ Stützstellen $x_0, \dots, x_n$ vorgeschriebene Funktionswerte f_i und Ableitungen s_i besitzt. Unter allen Polynomen vom Höchstgrad $2n+1$ gibt es genau eines, das diese Bedingungen erfüllt (vgl. dazu **21.3**).

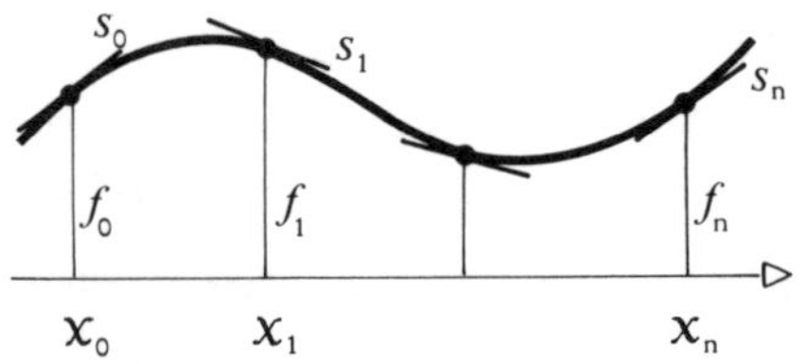

Bild 18.11
Hermitesche Interpolation

4. Die Bézier-Ordinaten einer kubischen Hermite-Interpolierenden sind in **20.5** angegeben.

19. Diskrete Approximation

Die Annäherung einer gegebenen Funktion $f(x)$ in einem Intervall durch eine andere, meist einfach zu berechnende $a(x)$ nennt man **Approximation.** Benutzt man dazu nur endlich viele Funktionswerte von f, so nennt man die Approximation **diskret.** Ein Beispiel diskreter Approximation ist die Interpolation. Die einfachste – aber nicht immer die beste – Approximation ist die durch Polynome.

19.1 Die Taylorentwicklung

Ist $f(x)$ $n+1$ mal stetig differenzierbar, so kann man f nach dem Satz von Taylor durch ein Polynom app(x) vom Grad n approximieren, das mit $f(x)$ an einer Stelle x_0 den Wert f_0 und die n Ableitungen $f_0', \dots, f_0^{(n)}$ gemein hat. Es ist

$$\text{app}(x) := f_0 + \frac{1}{1!} f_0' (x-x_0)^1 + \dots + \frac{1}{n!} f_0^{(n)} (x-x_0)^n .$$

Für die Abweichung $R_{n+1}(x) := f(x) - \text{app}(x)$ gilt die bekannte Formel

$$R_{n+1}(x) = \frac{1}{(n+1)!} f^{(n+1)}(y)\,(x-x_0)^{n+1}$$

mit einer von x abhängenden Stelle y des Intervalls zwischen x_0 und x.

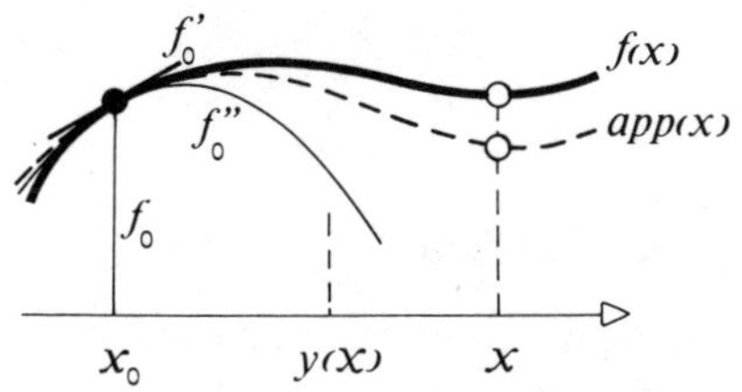

Bild 19.1
Taylor-Approximation

Ist $f^{(n+1)}(y)$ beschränkt, so bestimmt $(x-x_0)^{n+1}$ im wesentlichen den Fehlerverlauf.

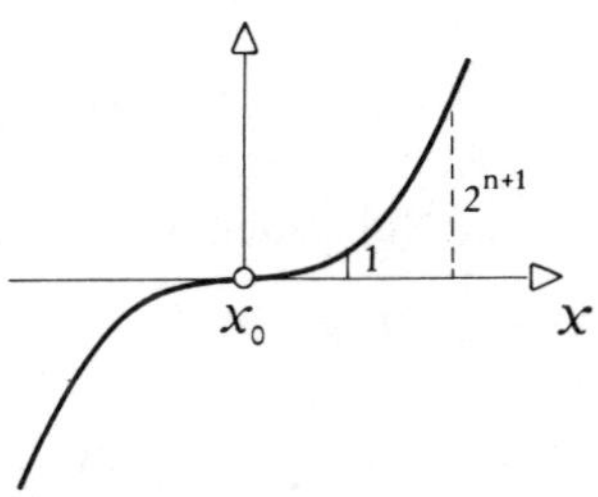

Bild 19.2
Fehlerverlauf (n = gerade)

Bei einer Verdopplung von $x - x_0$ vervielfacht sich R_{n+1} annähernd auf das 2^{n+1} fache. Die Taylorentwicklung ist daher nur in einer kleinen Umgebung von x_0 brauchbar. Dort aber ist sie sehr gut.

Beispiel 1: Es soll $f(x) = \sin x$ im Intervall $[a, b] = [-\frac{\pi}{2}, \frac{\pi}{2}]$ durch ein Polynom vom Grad $n = 4$ approximiert werden. Nach Taylor ist für eine Entwicklung um $x_0 = 0$

$$\text{app}(x) = x - 0.167\,x^3$$

und wegen

$$|f^{(5)}(x)| \leq 1 \quad \text{und} \quad \left(\frac{\pi}{2}\right)^5 \leq 9.6$$

$$|R_5| \leq \frac{1}{120} \cdot 1 \cdot 9.6 = 0.08.$$

19.2 Das Stützpolynom

Eine im ganzen Intervall $I := [a, b]$ häufig bessere Übereinstimmung erhält man durch Approximation von $f(x)$ durch das Interpolationspolynom pol(x), das $f(x)$ an $n+1$ verschiedenen Stellen x_i aus I „stützt".

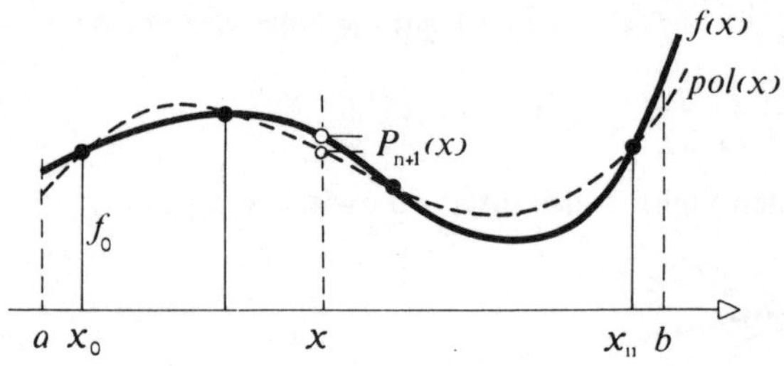

Bild 19.3
Stützpolynom

Für die Abweichung $P_{n+1}(x) := f(x) - \mathrm{pol}(x)$ gilt dann

Satz 1: Ist $f(x)$ in $I := [a, b]$ $n+1$ mal stetig differenzierbar und sind die Stützstellen aus I, so gibt es für jedes x aus I ein $y(x)$ aus I, so daß gilt

$$P_{n+1}(x) = \frac{1}{(n+1)!} f^{(n+1)}(y) \cdot p_{n+1}(x)$$

mit $p_{n+1}(x) := (x - x_0)(x - x_1) \dots (x - x_n)$.

Der Beweis erfolgt in drei Schritten:

1. Nach der Konstruktion von $\mathrm{pol}(x)$ hat $P_{n+1}(x)$ die Nullstellen $x_0, \dots, x_n$.
2. Für $x \neq x_i$ ist $p_{n+1}(x) \neq 0$, und es gibt ein von x abhängendes γ, so daß gilt

$$P_{n+1}(x) = \gamma(x) \cdot p_{n+1}(x).$$

3. Damit aber hat

$$F(t) := P_{n+1}(t) - \gamma(x) \cdot p_{n+1}(t)$$

$n+2$ Nullstellen $x_0, \dots, x_n, x$ in I; nach dem Satz von Rolle hat dann $F'(t)$ $n+1$ Nullstellen in I und schließlich $F^{(n+1)}(t)$ eine Nullstelle y in I. Setzt man $P_{n+1}(t) = f(t) - \mathrm{pol}(t)$ in $F(t)$ ein und differenziert nach t, so folgt

$$F^{(n+1)}(t) = f^{(n+1)}(t) - 0 - \gamma(x) \cdot (n+1)!$$

und daraus für die Stelle $y = y(x)$

$$\gamma(x) = \frac{1}{(n+1)!} f^{(n+1)}(y).$$

Auch hier gibt $p_{n+1}(x)$ angenähert Auskunft über den Fehlerverlauf.

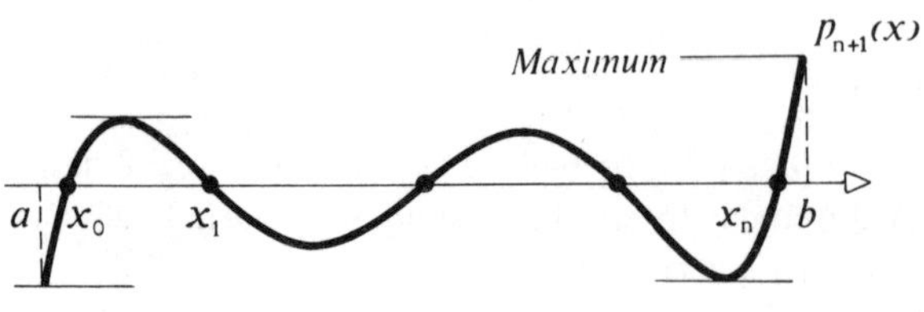

Bild 19.4
Fehlerverlauf

Beispiel 2: Für das Beispiel *1* ist bei gleichabständigen Stützstellen

$$x_0 = -\frac{\pi}{2}, \quad x_1 = -\frac{\pi}{4}, \quad x_2 = 0, \quad x_3 = +\frac{\pi}{4}, \quad x_4 = +\frac{\pi}{2}$$

$$\mathrm{pol}(x) = 0.9882\,x - 0.1425\,x^3$$

und wegen $|p_{n+1}(x)| \leq 1.0853$ in I

$$|P_5| \leq \frac{1}{120}\,1.0853 = 0.009.$$

Der Gewinn gegenüber der Taylorentwicklung in Beispiel *1* beträgt etwa eine Dezimale.

19.3 Tschebyscheff-Approximation

Offenbar hängt der Fehlerverlauf sehr von der Wahl der Stützstellen x_i ab. Man sollte daher die x_i so legen, daß die **Tschebyscheff-Norm**

$$\| p_{n+1}(x) \| := \max_{x \in I} |p_{n+1}(x)|$$

von $p_{n+1}(x)$ im Intervall I zu einem Minimum wird. Dazu verwendet man unter Beachtung des um 1 höheren Grades von $p_{n+1}(x)$

Satz 2: Ein Polynom $p_n(x)$ vom Grad n, dessen Nullstellen x_i in den Projektionen der ungeraden Ecken eines regelmäßigen $4n$-Ecks auf dem Durchmesser $[a, b]$ liegen, nimmt in $[a, b]$ betragsgleiche Maxima und Minima über den $n + 1$ Projektionen y_j der geraden Ecken an.

Der Beweis erfolgt in **19.4.**

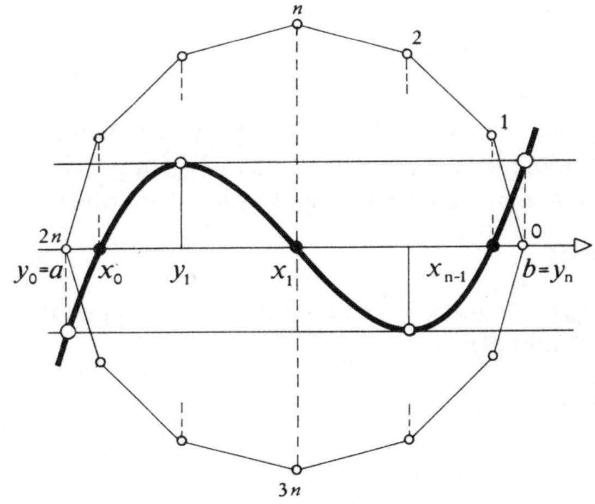

Bild 19.5

Tschebyscheff-Abszissen

Bemerkung 1: Mit den Abkürzungen

$$m := \frac{a+b}{2} \quad \text{und} \quad r := \frac{b-a}{2}$$

haben die Nullstellen von $p_n(x)$ die Abszissen

$$x_i := m - r \cos \frac{2i+1}{n} \frac{\pi}{2}, \qquad i = 0, 1, \dots, n-1,$$

und die Maxima und Minima von $p_n(x)$ in I die Abszissen

$$y_j := m - r \cos \frac{2j}{n} \frac{\pi}{2}, \qquad j = 0, 1, \dots, n,$$

und es gilt für die Norm der normierten $p_n(x)$ in I

$$\| p_n(x) \| = 2 \left(\frac{r}{2} \right)^n .$$

Die Nullstellen x_i von $p_n(x)$ heißen **Tschebyscheff-Abszissen** oder kurz ***T*-Abszissen.**

Beispiel 3: Für das Beispiel *1* ist mit den T-Abszissen

$$x_0 = -0.951 \frac{\pi}{2}, \quad x_1 = -0.588 \frac{\pi}{2}, \quad x_2 = 0, \quad x_3 = 0.588 \frac{\pi}{2}, \quad x_4 = 0.951 \frac{\pi}{2}$$

als Projektionen der ungeraden Ecken eines 20-Ecks über $[-\frac{\pi}{2}, \frac{\pi}{2}]$ zu Stützstellen

$$\text{pol}(x) = 0.9855\, x - 0.1424\, x^3$$

und wegen $|p_5(x)| \le 0.5977$ in I

$$|P_5| \le \frac{1}{120}\, 0.5977 = 0.005.$$

Die maximale Abweichung wird gegenüber Beispiel *2* nochmals halbiert.

19.4 Tschebyscheff-Polynome

Für die Konstruktion der Polynome und zum Beweis von Satz 2 ist es zweckmäßig, sich auf das Intervall $[-1,1]$ zu beschränken. Nach einer bekannten Formel ist der Cosinus des n-fachen Arguments ein Polynom vom Grad n im Cosinus des einfachen Arguments

$$\cos n\varphi = \text{pol}(\cos\varphi).$$

Setzt man $x := \cos\varphi$ so ist $T_n(x) := \cos n\varphi$ als Funktion von x ein Polynom vom Grade n in x. Es besitzt die Nullstellen

$$x_i = -\cos \frac{2i+1}{n} \frac{\pi}{2}, \qquad i = 0, 1, \dots, n-1,$$

und nimmt für

$$y_j = -\cos \frac{2j}{n} \frac{\pi}{2}, \qquad j = 0, \dots, n,$$

abwechselnd die Maxima und Minima ± 1 an. Damit ist Satz 2 im wesentlichen bewiesen.

Die $T_n(x)$ heißen **Tschebyscheff-Polynome.** Man bestimmt sie rekursiv aus der bekannten goniometrischen Formel

(1) $$\cos(\alpha - \beta) + \cos(\alpha + \beta) = 2\cos\alpha\cos\beta$$

für $\alpha = n\varphi$ und $\beta = \varphi$; es ist

$$T_{n-1}(x) + T_{n+1}(x) = 2x\,T_n(x).$$

Mit

$$T_0(x) := \cos 0 = 1,$$
$$T_1(x) := \cos\varphi = x$$

wird damit

$$\begin{aligned} T_2(x) &= \cos 2\varphi = -1 + 2x^2, \\ T_3(x) &= \cos 3\varphi = -3x + 4x^3, \\ T_4(x) &= \cos 4\varphi = 1 - 8x^2 + 8x^4, \\ T_5(x) &= \cos 5\varphi = 5x - 20x^3 + 16x^5 \\ &\vdots \end{aligned}$$

usf., offenbar hat x^n in $T_n(x)$, $n \geq 1$, den Koeffizienten 2^{n-1}.

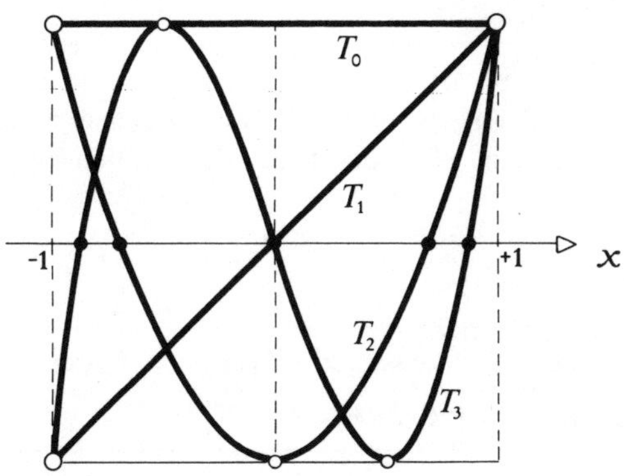

Bild 19.6
Tschebyscheff-Polynome

19.5 Die Minimum-Eigenschaft

Die Tschebyscheff-Polynome haben die folgende bemerkenswerte Eigenschaft, es gilt

Satz 3: Von allen normierten Polynomen vom Grad $n \geq 1$ besitzt $2^{1-n}\,T_n(x)$ in $[-1,1]$ die kleinste Tschebyscheffnorm.

Das beweist man indirekt. Für ein normiertes Polynom $\operatorname{pol}(x)$ von kleinerer Norm wäre an den $n+1$ Stellen y_j der Maxima und Minima von $T_n(x)$ in $[-1,1]$

$$|\operatorname{pol}(y_j)| < 1.$$

Daher wechselte $2^{1-n}T_n(x) - \text{pol}(x)$ in $[-1,1]$ n mal das Vorzeichen, ist aber selbst nur vom Grade $n-1$. Das ist nicht möglich.

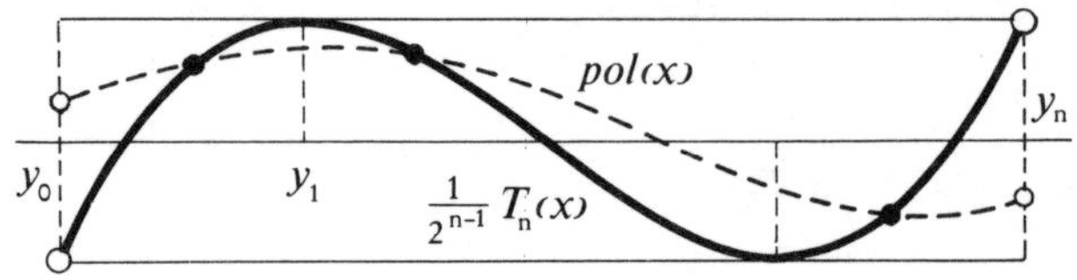

Bild 19.7. Minimum-Eigenschaft

19.6 Entwicklung nach Tschebyscheff-Polynomen

Die Tschebyscheff-Polynome $T_0, \dots, T_n$ vom Grad $0, \dots, n$ bilden eine Basis für die Polynome vom Höchstgrad n, d.h. jedes Polynom

$$\text{pol}(x) = c_0 + c_1 x + \dots + c_n x^n$$

läßt sich auch eindeutig schreiben als

$$\text{pol}(x) = a_0 T_0 + a_1 T_1 + \dots + a_n T_n .$$

Dabei ergibt sich zunächst a_n aus einem Vergleich der Koeffizienten von x^n, es ist

$$a_n = \frac{c_n}{2^{n-1}} .$$

Subtrahiert man dann $a_n T_n(x)$ von $\text{pol}(x)$, so ergibt sich a_{n-1} aus einem nachfolgenden Vergleich mit dem neuen Koeffizienten von x^{n-1} usf. Man erhält so den folgenden Algorithmus:

Entwickeln nach *T*-Polynomen

Gegeben: Koeffizienten in $\text{pol} = c_0 + \dots + c_n x^n$, $T_1(x), \dots, T_n(x)$
Gesucht: Koeffizienten in $\text{pol} = a_0 + a_1 T_1 + \dots + a_n T_n$

1 Für $k = n, n-1, \dots, 1$

2 bilde $a_k := \dfrac{c_k}{2^{k-1}}$,

4 setze $\text{pol} := \text{pol} - a_k T_k$

5 Setze $a_0 := c_0$.

Die Anweisung **4** bestimmt die Differenz der beiden k-Zeilen der Koeffizienten von pol und $a_k T_k$.

19.7 Das Ökonomisieren eines Polynoms

Die Entwicklung eines Polynoms vom Grad n nach Tschebyscheff-Polynomen ist besonders nützlich, um den Grad zu **ökonomisieren**. Wegen $\| T_n \| = 1$ ist der Fehlerbetrag, der durch Fortlassen des letzten Terms $a_n T_n$ entsteht, nämlich höchstens $|a_n|$ usf.

In der Praxis wird a_n durch den ersten Schritt des Algorithmus in **19.6** bestimmt. Das Verfahren wird wiederholt und abgebrochen, falls

$$|a_n| + |a_{n-1}| + \ldots + |a_k|$$

einen gewissen vorgeschriebenen Wert $\epsilon > 0$ überschreitet. Dazu ist der Algorithmus **Entwickeln nach T-Polynomen** durch die Angabe von ϵ und die Anweisung

| 3 | falls $\sum_{i=k}^{n} |a_i| > \epsilon$: Ende |

zu ergänzen.

Beispiel 4: Es wird $f(x) = \sin \frac{\pi}{2} x$ in $[-1,1]$ betrachtet. Es ist für $n = 6$ nach Taylor für die Stelle $x_0 = 0$

$$\begin{aligned} \text{app}(x) &= 1.571\, x - 0.646\, x^3 + 0.080\, x^5 \\ &= 1.546\, x - 0.546\, x^3 + 0.005\, T_5 . \end{aligned}$$

Wegen $|R_7| \le \frac{1}{5040} (\frac{\pi}{2})^7 = 0.005$ und $a_6 = 0$, $a_5 = 0.005$ ist bei einer Approximation von $\sin \frac{\pi}{2} x$ durch

$$\text{pol}(x) = 1.546\, x - 0.546\, x^3$$

der Fehlerbetrag kleiner als $|R_7| + |a_6| + |a_5| \le 0.01$. Man beachte bei einem Vergleich mit den Beispielen *1*, *2* und *3*, daß hier das Intervall auf $[-1,1]$ transformiert wurde.

19.8 Die Methode der kleinsten Quadrate

Bei der diskreten Approximation von $f(x)$ durch ein Polynom

(2) $$\text{pol}(x) = c_0 + c_1 x + \ldots + c_n x^n$$

wird die Genauigkeit möglicherweise erhöht, wenn man die Anzahl der stützenden Punkte auf $m + 1$ erhöht.

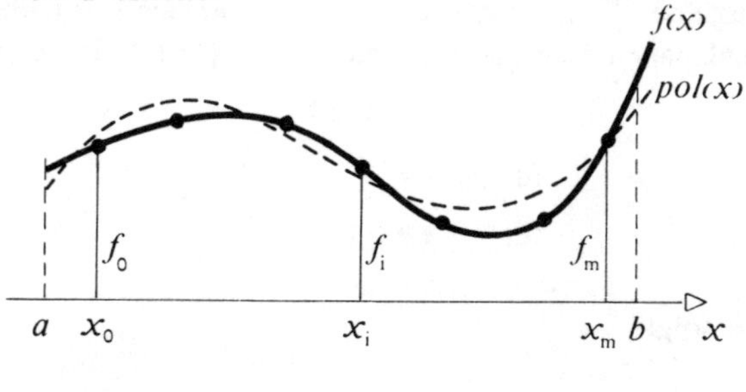

Bild 19.8
Approximationspolynom

Setzt man diese Punkte in (2) ein, so erhält man zunächst für $m > n$ ein im allgemeinen überbestimmtes lineares Gleichungssystem für die Koeffizienten c_k

$$\begin{bmatrix} 1 & x_0 & \dots & x_0^n \\ \vdots & \vdots & & \vdots \\ 1 & x_m & \dots & x_m^n \end{bmatrix} \begin{bmatrix} c_0 \\ \vdots \\ c_n \end{bmatrix} = \begin{bmatrix} f_0 \\ \vdots \\ f_m \end{bmatrix}.$$

Man löst es nach den Methoden von **9.2** wegen der i.a. schlechten Kondition der Normalgleichungen durch Orthogonalisieren. Dem aber entspricht der Übergang zu einer anderen Basis für die Darstellung von $\operatorname{pol}(x)$, sie hängt von den x_i ab.

19.9 Die Orthogonalität der Tschebyscheff-Polynome

Sind insbesondere die $x_i, i = 0, 1, \dots, m$, die $m + 1$ Nullstellen des Tschebyscheff-Polynoms $T_{m+1}(x)$, so gilt

Satz 4: Die quadratische Matrix $T := [T_k(x_i)]$ ist orthogonal, d.h. für die Spalten t_k gilt

$$t_r^T t_s = \begin{cases} m+1 & \text{für } r = s = 0, \\ \frac{1}{2}(m+1) & \text{für } r = s \neq 0, \\ 0 & \text{für } r \neq s. \end{cases}$$

Zum Beweis verwendet man die Darstellung $T_k(x_i) = \cos k\varphi_i$ mit $x_i = \cos\varphi_i$ und die Formel (1) aus **19.4**, damit ist

$$t_r^T t_s = \sum_{i=0}^{m} \cos r\varphi_i \cos s\varphi_i$$

$$= \frac{1}{2} \sum_{i=0}^{m} \cos(r+s)\varphi_i + \frac{1}{2} \sum_{i=0}^{m} \cos(r-s)\varphi_i.$$

Die φ_i sind nach Satz 2 die Winkel $< \pi$ zwischen der x-Achse und den Ecken eines regelmäßigen, symmetrisch liegenden $2(m + 1)$-Ecks. Aus Symmetriegründen bzw. nach einem unmittelbar einsichtigen Satz über die Lage des Schwerpunkts in einem regelmäßigen, möglicherweise auch überschlagenen oder mehrfach zählenden $(m + 1)$-Ecks ist mit diesen φ_i

$$\sum_{i=0}^{m} \cos(r \pm s)\varphi_i = \begin{cases} m+1 & \text{für } r \pm s = 0 \\ 0 & \text{für } r \pm s \neq 0, \end{cases}$$

woraus der Satz unmittelbar folgt.

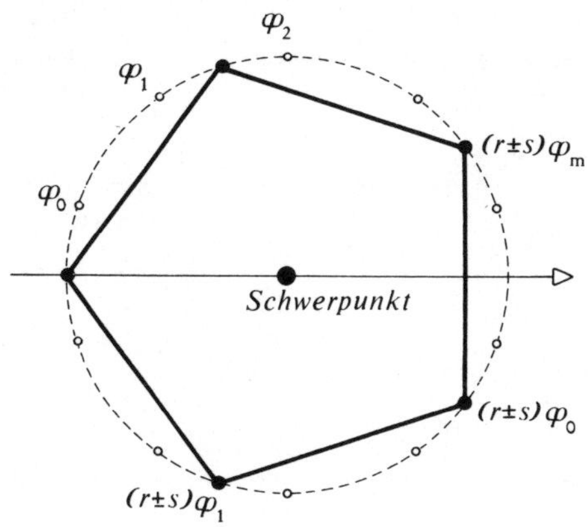

Bild 19.9
Schwerpunkt eines regelmäßigen $m+1$-Ecks

Beispiel 5: Für $m = 4$ lauten die Normalgleichungen für die Approximation von $\sin \frac{\pi}{2} x$ in $[-1, 1]$ durch ein Polynom dritten Grades

$$\text{pol}(x) = a_0 T_0 + a_1 T_1(x) + a_2 T_2(x) + a_3 T_3(x),$$

das die Quadratsumme der Abweichungen in den Nullstellen

$$x_0 = -0.951, \quad x_1 = -0.588, \quad x_2 = 0, \quad x_3 = 0.588, \quad x_4 = 0.951$$

von $T_5(x)$ minimiert, wegen Satz 4

$$\begin{bmatrix} 5 & & & \\ & 2.5 & & \\ & & 2.5 & \\ & & & 2.5 \end{bmatrix} \begin{bmatrix} a_0 \\ a_1 \\ a_2 \\ a_3 \end{bmatrix} = \begin{bmatrix} 1 & 1 & 1 & 1 & 1 \\ -0.95 & -0.59 & 0 & 0.59 & 0.95 \\ 0.81 & -0.31 & -1 & -0.31 & 0.81 \\ -0.59 & 0.95 & 0 & -0.95 & 0.59 \end{bmatrix} \begin{bmatrix} -0.997 \\ -0.798 \\ 0 \\ 0.798 \\ 0.997 \end{bmatrix}.$$

Damit wird

$$\begin{aligned} \text{pol}(x) &= 1.134\, T_1 - 0.138\, T_3 \\ &= 1.542\, x - 0.544\, x^3. \end{aligned}$$

Der größte Fehler liegt etwa bei $x = \pm 0.3$ und ist kleiner als 0.005. Die Quadratsumme der Abweichungen in den x_i verschwindet hier sogar (man vgl. Beispiel *3*).

19.10 Aufgaben und Ergänzungen

1. Man beweise die Formel für das Restglied der Taylorentwicklung.
2. In Analogie zum Schema von Horner bestimmt man $\text{pol}(x) = a_0 T_0(x) + \ldots + a_n T_n(x)$ nach dem Algorithmus von Clenshaw:

Clenshaw

Gegeben:	$a_0, a_1, \ldots, a_n;\ x,\ n \geq 2$
Gesucht:	$p = a_0 T_0(x) + \ldots + a_n T_n(x)$

Setze $b_n := a_n,\ b_{n+1} := 0.$

Für $k = n-1, n-2, \ldots, 0$

 bestimme $b_k := -b_{k+2} + 2x\, b_{k+1} + a_k$.

Setze $p := \frac{1}{2}(b_0 - b_2 + a_0)$

3. Für die Durchführung des Algorithmus von Clenshaw von Hand benutzt man das Schema

-1	$2x$	a_n	a_{n-1}	$\ldots$	a_2	a_1	a_0	
0	0	b_n	b_{n-1}	$\ldots$	b_2	b_1	b_0	p

mit den Vorschriften

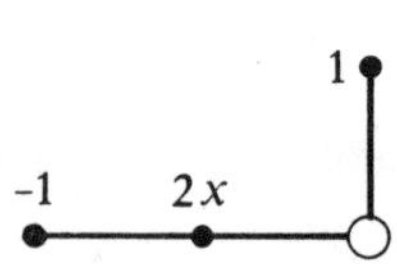

und

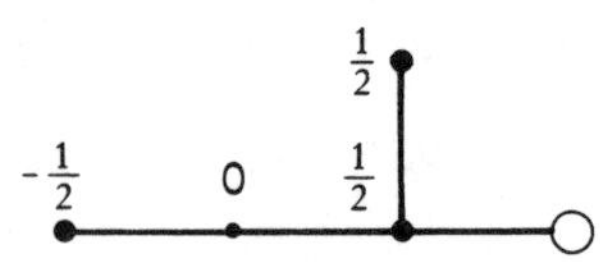

.

20 Bézierpolynome

Für das Konstruieren mit Polynomen und rationalen Kurven sind Lagrangepolynome und Tschebyscheffpolynome wenig geeignet. Man benötigt Basispolynome, die in I nicht oszillieren und die dort nur ein Maximum haben. Solche Polynome sind die **Bernsteinpolynome**.

20.1 Bernsteinpolynome

Nach dem Binomischen Lehrsatz gilt

$$1 = ((1-\lambda) + \lambda)^n = \sum_{r=0}^{n} \binom{n}{r} (1-\lambda)^{n-r} \lambda^r.$$

Die einzelnen Summanden

$$B_r^n(\lambda) := \binom{n}{r} (1-\lambda)^{n-r}\lambda^r, \; r = 0, \dots, n \;,$$

sind Polynome vom Grad n in λ. Sie heißen **Bernsteinpolynome** und haben folgende, leicht nachzuprüfende Eigenschaften:

1. $B_r^n(\lambda)$ hat eine r-fache Nullstelle für $\lambda = 0$.
2. $B_r^n(\lambda)$ hat eine $(n-r)$-fache Nullstelle für $\lambda = 1$.
3. $B_r^n(\lambda)$ hat nur ein Maximum in $I := [0,1]$, nämlich für $\lambda = \frac{r}{n}$.

Man arbeitet daher mit Bernsteinpolynomen nur im Intervall $I := [0,1]$.

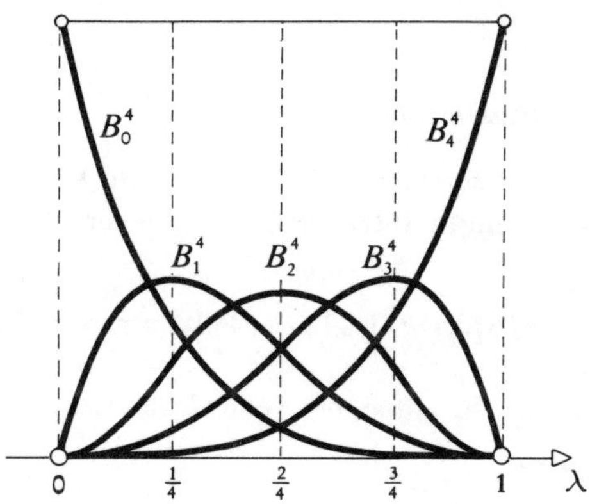

Bild 20.1
Bernstein-Polynome vom Grad 4

20.2 Bézier-Polynome

Die Bernstein-Polynome vom Grad n sind wegen der Eigenschaften 1 und 2 linear unabhängig und bilden daher eine Basis für die Polynome bis zum Grad n

$$\mathrm{pol}(\lambda) = b_0 B_0^n(\lambda) + \dots + b_n B_n^n(\lambda).$$

Die Koeffizienten b_i einer solchen Darstellung heißen **Bézier-Punkte**, die Darstellung selbst **Bézier-Polynom** und das Polygon mit den Ecken $(\frac{i}{n}, b_i)$ **Bézier-Polygon.**

Durch Differentiation der Bernstein-Polynome erhält man für die Ableitungen eines Bézier-Polynoms

$$\mathrm{pol}'(\lambda) = n(b_1 - b_0) B_0^{n-1}(\lambda) + \dots + n(b_n - b_{n-1}) B_{n-1}^{n-1}(\lambda)$$

und allgemein für die k-te Ableitung

$$\mathrm{pol}^{(k)}(\lambda) = \frac{n!}{(n-k)!} \sum_{i=0}^{n-k} \Delta^k b_i \cdot B_i^{n-k}(\lambda),$$

dabei ist Δ^k die k-fache Vorwärtsdifferenz aus **13.4.** Daraus folgt mit den Eigenschaften 1 und 2 der Bernstein-Polynome sofort der

Satz 1: Die Ableitungen der Ordnung k eines Bézier-Polynoms in den Randpunkten $\lambda = 0$ $(\lambda = 1)$ von I hängen nur von den Bézier-Punkten $b_0, \dots, b_k$ $(b_{n-k}, \dots, b_n)$ ab.

Insbesondere ist

$$\begin{aligned} \mathrm{pol}(0) &= b_0, & \mathrm{pol}(1) &= b_n, \\ \mathrm{pol}'(0) &= n(b_1 - b_0), & \mathrm{pol}'(1) &= n(b_n - b_{n-1}), \\ \mathrm{pol}''(0) &= n(n-1)(b_2 - 2b_1 + b_0), & \mathrm{pol}''(1) &= n(n-1)(b_n - 2b_{n-1} + b_{n-2}). \end{aligned}$$

20.3 Die Konstruktion von Punkt und Tangente

Für die Werte eines Bézier-Polynoms und seiner Ableitungen an der Stelle λ hat de Casteljau 1959 eine Konstruktion durch **fortgesetzte lineare Interpolation** angegeben.

Satz 2: Für den Wert $b_{r,\dots,s}(\lambda) := \sum\limits_{i=r}^{s} b_i B_{i-r}^{s-r}(\lambda)$ des Bézier-Polynoms vom Grad $s - r$ zu den Bézier-Punkten $b_r, \dots, b_s$ gilt an der Stelle λ die Rekursionsformel

$$b_{r,\dots,s} = (1-\lambda)\, b_{r,\dots,s-1} + \lambda\, b_{r+1,\dots,s}.$$

Zum Beweis setzt man die Werte in die Rekursionsformel ein und erhält

$$\sum_{i=r}^{s} b_i B_{i-r}^{s-r} = (1-\lambda) \sum_{i=r}^{s-1} b_i B_{i-r}^{s-1-r} + \lambda \sum_{i=r+1}^{s} b_i B_{i-r-1}^{s-r-1},$$

was wegen der leicht nachzuprüfenden Identitäten

$$(1-\lambda) B_0^s = B_0^{s+1}, \quad (1-\lambda) B_r^s + \lambda B_{r-1}^s = B_r^{s+1}, \quad \lambda B_s^s = B_{s+1}^{s+1}$$

richtig ist. Insbesondere ist $\mathrm{pol}(\lambda) = b_{0,\dots,n}$.
Für die Ableitungen des Bézier-Polynoms gilt mit $\Delta b_{r,\dots,s} := b_{r+1,\dots,s+1} - b_{r,\dots,s}$ usf.

Satz 3: Es ist $\mathrm{pol}^{(k)}(\lambda) = \dfrac{n!}{(n-k)!}\, \Delta^k b_{0,\dots,n-k}$.

Das folgt wegen der Vertauschbarkeit der Summen- und Differenzenbildung sofort aus

$$\mathrm{pol}^{(k)}(\lambda) = \frac{n!}{(n-k)!} \sum_{i=0}^{n-k} \Delta^k b_i B_i^{n-k} = \frac{n!}{(n-k)!} \Delta^k \sum_{i=0}^{n-k} b_i B_i^{n-k} = \frac{n!}{(n-k)!} \Delta^k b_{0,\dots,n-k}.$$

Zur praktischen Berechnung der $b_{r,\ldots,s}$ dient das Neville-artige **Schema von de Casteljau,**

$$\begin{array}{ccc|lllll}
 & & & b_0 & & & & \\
 & & r & b_1 & b_{0,1} & & & \\
1-\lambda & & & b_2 & b_{1,2} & b_{0,1,2} & & \\
\lambda & & s & b_3 & b_{2,3} & b_{1,2,3} & b_{0,1,2,3} & \\
 & & & \vdots & \vdots & \vdots & \ddots & \\
 & & & b_n & b_{n-1,n} & \ldots & & b_{0,\ldots,n} = \mathrm{pol}(\lambda)
\end{array}$$

in dessen erster Spalte die Bézier-Punkte b_i stehen. Man bestimmt die $b_{r,\ldots,s}$, insbesondere auch $b_{0,\ldots,n} = \mathrm{pol}(\lambda)$, zeilenweise oder spaltenweise aus den $b_r, \ldots, b_s$ wie folgt

de Casteljau

Gegeben: $b_r, \ldots, b_s;\ \lambda$

Gesucht: $b_{r,\ldots,s}$

Für $k = r+1,\ r+2, \ldots, s$

und $i = k-1,\ k-2, \ldots, r$

bestimme $b_{i,\ldots,k} := (1-\lambda)\, b_{i,\ldots,k-1} + \lambda\, b_{i+1,\ldots,k}$.

Bemerkung 1: Für die Konstruktion auf dem Zeichenbrett oder dem Bildschirm geht man vom Bézier-Polygon aus. Dabei trägt man die Bézier-Punkte b_i über den Abszissen i/n auf. Man prüft leicht nach: Die Konstruktion von de Casteljau liefert dann wegen

$$\lambda = \sum_{i=0}^{n} \frac{i}{n} B_i^n(\lambda)$$

den Punkt $(\lambda, \mathrm{pol}(\lambda))$. Insbesondere liegt $(0, b_0)$ auf der Kurve, ist die Verbindung von $(0, b_0)$ mit $(\frac{1}{n}, b_1)$ Tangente in $(0, b_0)$ usf. Das Bézier-Polygon gibt i.a. einen Eindruck vom ungefähren Verlauf des zugehörigen Bézier-Polynoms.

Beispiel 1: Es werde ein kubisches Polynom

$$\mathrm{pol}(\lambda) = 1\,(1-\lambda)^3 + 4\cdot 3(1-\lambda)^2\lambda + 3\cdot 3(1-\lambda)\lambda^2 + 0\cdot\lambda^3$$

mit den Bézier-Punkten $b_0 = 1$, $b_1 = 4$, $b_2 = 3$, $b_3 = 0$ betrachtet. Für $\lambda = 0.4$ lautet das Schema von de Casteljau

$$\begin{array}{c|cccc} & 1 & & & \\ 0.6 & 4 & 2.2 & & \\ 0.4 & 3 & 3.6 & 2.76 & \\ & 0 & 1.8 & 2.88 & 2.808 \end{array}$$

und es ist $\text{pol}(0.4) = 2.808$ und $\text{pol}'(0.4) = 3(2.88 - 2.76) = 0.36$.

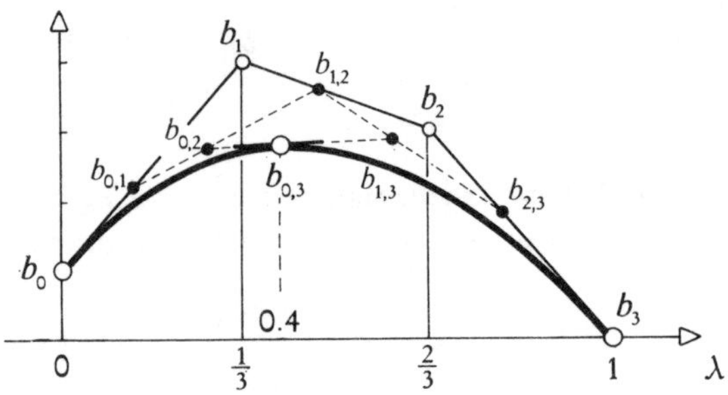

Bild 20.2
Kubisches Bézier-Polynom

Beispiel 2: Für die Bézier-Punkte 0, 1, 0, 0 erhält man das Bernstein-Polynom $\text{pol}(\lambda) = B_1^3(\lambda)$. Für $\lambda = \frac{1}{3}$ liefert die Konstruktion von de Casteljau das Maximum $B_1^3(\frac{1}{3}) = \frac{4}{9}$.

20.4 Bézier-Flächen

Die Produkte von Bernstein-Polynomen $B_r^n(\lambda)$ und $B_s^m(\mu)$ bilden eine Basis für Polynome bis zu den Graden n und m in den Veränderlichen λ und μ

$$\text{pol}(\lambda, \mu) = \sum_{i=0}^{n} \sum_{k=0}^{m} b_{i,k} B_k^m(\mu) B_i^n(\lambda).$$

Die Koeffizienten heißen wieder **Bézier-Punkte**, sie bilden die **Bézier-Matrix** B. **Bézier-Polynome** in zwei Veränderlichen haben dieselben angenehmen Eigenschaften wie Bézier-Polynome in einer Veränderlichen. Insbesondere gilt:

Satz 4: Die λ-Linien μ = fest haben die Bézier-Punkte

$$b_i(\mu) = \sum_{k=0}^{m} b_{i,k} B_k^m(\mu).$$

Das folgt sofort aus der Darstellung von $\text{pol}(\lambda, \mu)$. Daher liefert die Konstruktion von de Casteljau aus den $m + 1$ Spalten der Matrix B für μ = fest die Bézier-Punkte der λ-Linie μ = fest.

Für eine anschauliche Darstellung trägt man die $b_{i,k}$ über den Abszissen $\lambda = i/n$, $\mu = k/m$ auf, usf.

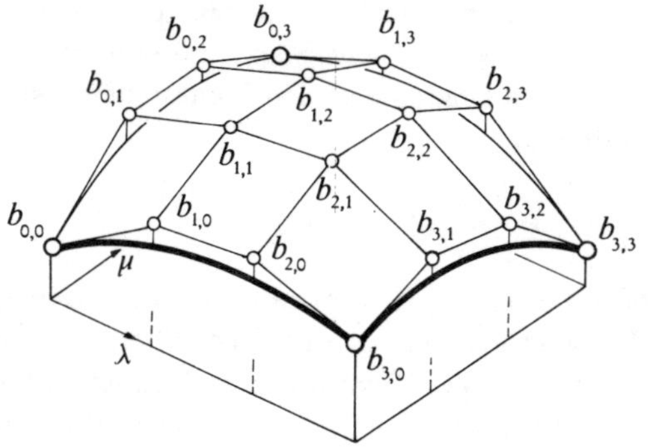

Bild 20.3
Bikubisches Bézier-Polynom

20.5 Aufgaben und Ergänzungen

1. Es ist

$$1 = \sum_{i=0}^{n} B_i^n(\lambda), \quad \lambda = \sum_{i=0}^{n} \frac{i}{n} B_i^n(\lambda), \quad \lambda^2 = \sum_{i=0}^{n} \frac{i(i-1)}{n(n-1)} B_i^n(\lambda) \text{ usf.}$$

2. Es gilt der **Approximationssatz von Weierstraß**: Für jede in $[0, 1]$ stetige Funktion $f(\lambda)$ konvergiert die Folge von Polynomen vom Grade n

$$B^n f := \sum_{r=0}^{n} f\left(\frac{r}{n}\right) B_r^n$$

gleichmäßig gegen f.

3. Es gilt $\mathrm{pol}(\lambda) = \sum_{r=0}^{n} b_{r, \ldots, r+k}(\lambda) \cdot B_r^{n-k}(\lambda)$, $k = 0, \ldots, n$,
und daher $\mathrm{pol}(\lambda) = \sum_{r=0}^{n-k} \sum_{i=r}^{r+k} b_i B_{i-r}^k(\lambda) B_r^{n-k}(\lambda)$.

4. Ersetzt man die b_i durch Koordinatenspalten, so stellt $\mathrm{pol}(\lambda)$ ein **allgemeines Bézier-Polynom** dar. Daher stammt die Bezeichnung **Bézier-Punkt** für $\boldsymbol{b}_i$.

5. Aus den Koordinatenspalten $\boldsymbol{b}_i$ liefert die Konstruktion von de Casteljau die Spalte **pol** (λ).

6. Bezeichnet l die $\boldsymbol{b}_2$ gegenüberliegende Seite und h die zugehörige Höhe des Dreiecks $\boldsymbol{b}_0, \boldsymbol{b}_1, \boldsymbol{b}_2$, so hat der Krümmungskreis in $\boldsymbol{b}_0$ den Radius $R = \frac{n}{n-1} \frac{l^2}{h}$.

7. Die Bézier-Ordinaten b_0, b_1, b_2, b_3 kubischer Hermitepolynome h_i aus **18.9** zum Intervall $[0, 1]$ sind

$$h_0: 1, 1, 0, 0; \qquad h_1: 0, \tfrac{1}{3}, 0, 0; \qquad h_2: 0, 0, -\tfrac{1}{3}, 0; \qquad h_3: 0, 0, 1, 1.$$

21 Splines und Subsplines

Die Erhöhung des Grades verbessert im allgemeinen die Güte der Approximation einer Funktion $f(x)$ durch ein Interpolationspolynom nicht. Man approximiert f besser **segmentweise** durch Polynome von festem Grad, die an den Trennstellen bestimmte Differenzierbarkeitsbedingungen erfüllen.

21.1 Bézier-Kurven

Durch die Aufteilung einer gegebenen Funktion in **Segmente** kann die angenäherte Darstellung oft vereinfacht werden. Besonders einfach ist eine Segmentierung im Intervall $[0, m]$ durch die Stellen $k = 1, \ldots, m-1$. Diese Stellen heißen **Trennstellen,** sie trennen das Segment $k-1$ vom Segment k. Für die näherungsweise Darstellung der Segmente sind u.a. Polynome vom Grad n insbesondere in der Darstellung von Bézier **20.2** geeignet.

Für diese Darstellung führt man durch

$$x = k + \lambda, \quad \lambda \in [0, 1]$$

in jedem Segment $k = 0, 1, \ldots, m-1$ den Parameter λ ein und bezeichnet die Bézier-Punkte des Segments k der Reihe nach mit $b_{nk}, b_{nk+1}, \ldots, b_{nk+n}$. Für eine Darstellung auf dem Zeichenbrett oder dem Bildschirm trägt man wie in **20.3** die b_i über den Abszissen i/n auf. Die aus den **Bézier-Segmenten** zusammengesetzte Kurve heißt in dieser Darstellung **Bézier-Kurve.**

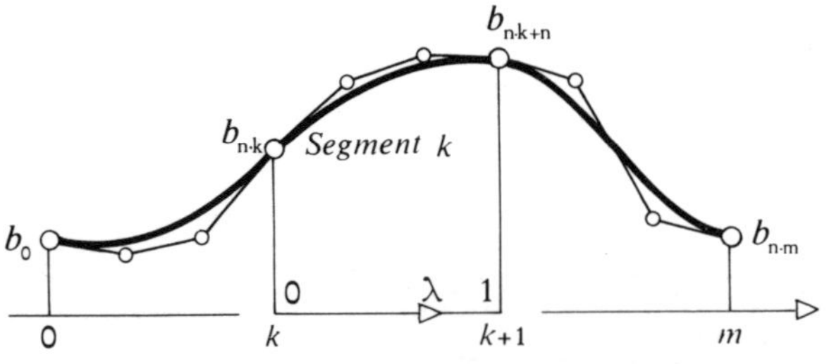

Bild 21.1
Bézier-Kurve

Sie ist durch die $nm + 1$ Bézier-Punkte $b_0, \ldots, b_{nm}$ bestimmt und stetig, da an den Trennstellen die **Knoten** $b_{nk+n} = b_{n(k+1)}$ übereinstimmen. Ihren Wert $\operatorname{bez}(x)$ an der Stelle x bestimmt man nach einem Vorlauf zur Bestimmung von k und λ nach de Casteljau:

Bézier-Kurve

Gegeben: $b_0, b_1, \ldots, b_{nm}$; $x \in [0, m]$. Gesucht: $\operatorname{bez}(x) := b_{r,\ldots,s}$
1 Falls $x = m$: Setze $b_{r,\ldots,s} := b_{nm}$, Ende.

2 Zerlege x in $x = k + \lambda$ mit $0 \leq \lambda < 1$.

3 Setze $r := nk$ und $s := n(k+1)$.

4 Bestimme $b_{r,\dots,s}$ nach | de Casteljau |.

21.2 Differenzierbarkeitsbedingungen

Aus der Forderung nach ein- oder mehrmaliger stetiger Differenzierbarkeit der Bézier-Kurve auch an den Trennstellen ergeben sich Bedingungen für die benachbarten **Bézier-Punkte.**

Einmalige Differenzierbarkeit. Im gemeinsamen Knoten zweier Segmente stimmen nach **20.2** die ersten Ableitungen überein, falls $n(b_{nk} - b_{nk-1}) = n(b_{nk+1} - b_{nk})$, also

$$2\,b_{nk} = b_{nk-1} + b_{nk+1}$$

ist. b_{nk} ist **Mitte** der Verbindung von b_{nk-1} mit b_{nk+1}. Das gilt auch für die Abszissen k und $k \pm \frac{1}{n}$.

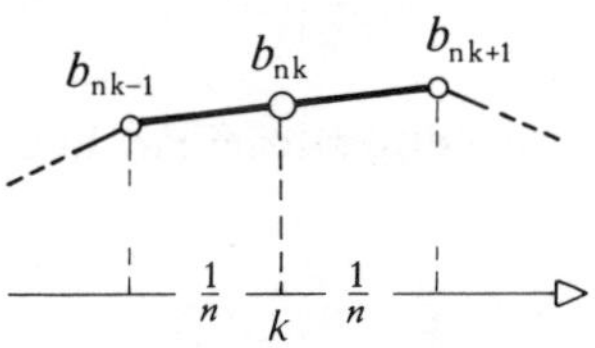

Bild 21.2
Einmalige Differenzierbarkeit

Zweimalige Differenzierbarkeit. Die zweiten Ableitungen sind gleich, falls

$$n(n-1)(b_{nk-2} - 2\,b_{nk-1} + b_{nk}) = n(n-1)(b_{nk} - 2\,b_{nk+1} + b_{nk+2})$$

ist, das heißt, falls mit einem Hilfspunkt d_k

$$2\,b_{nk-1} - b_{nk-2} = d_k = 2\,b_{nk+1} - b_{nk+2}$$

ist. $b_{nk\pm1}$ ist die Mitte der Verbindung von d_k mit $b_{nk\pm2}$.

Trägt man mit den b_i über i/n die d_k über den Abszissen k auf, so gilt das auch für die Abszissen. Zusammen mit der Bedingung für einmalige Differenzierbarkeit ergibt das die anschauliche Bedingung der Figur.

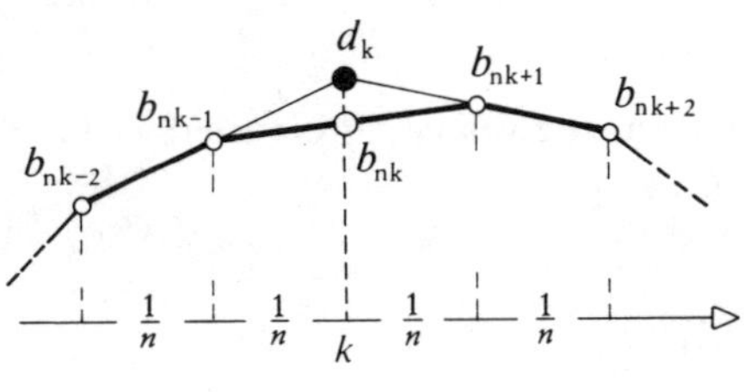

Bild 21.3
Zweimalige Differenzierbarkeit

Mehrmalige Differenzierbarkeit: Analoge Bedingungen gibt es für höhere Differenzierbarkeitsforderungen.

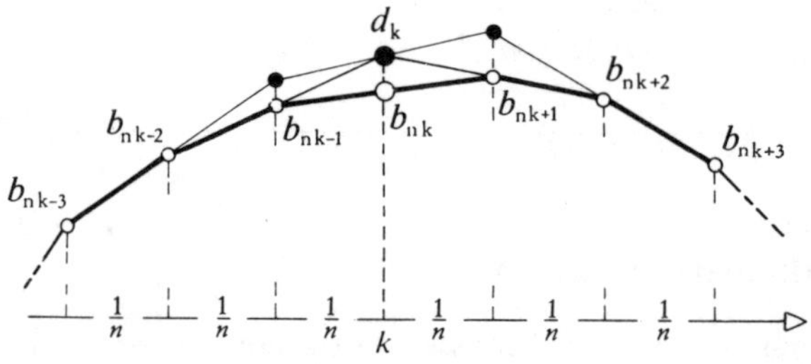

Bild 21.4
Dreimalige Differenzierbarkeit

21.3 Kubische Splines und Subsplines

Eine segmentierte Kurve mit Polynomsegmenten vom Grad n heißt, falls sie $n-1$ mal stetig differenzierbar ist, **Polynomspline** oder kurz **Spline**, ist sie weniger oft, aber mindestens einmal differenzierbar, so heißt sie **Subspline.** Auch für Splines und Subsplines ist die Darstellung als Bézier-Kurve von Vorteil.

Am gebräuchlichsten sind kubische Segmente mit $n = 3$. Sie sind für viele Anwendungen ausreichend steif und flexibel zugleich.

Kubische Subsplines. Ein kubischer Subspline ist einmal differenzierbar: In allen inneren Knoten b_{3k}, $k = 1, 2, \dots, m-1$, ist

(1) $$2b_{3k} = b_{3k-1} + b_{3k+1}.$$

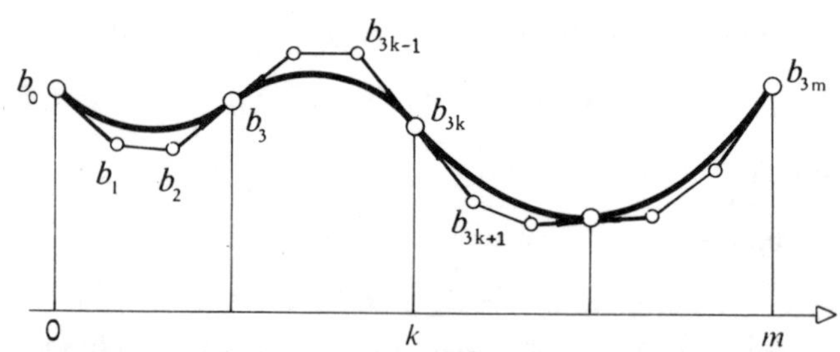

Bild 21.5. Kubischer Subspline

Ein kubischer Subspline ist durch die $m+1$ Knoten b_{3k}, $k = 0, \dots, m$, und die Steigungen in diesen Knoten nach **18.8** eindeutig bestimmt.

Kubische Splines. Ein kubischer Spline $s(x)$ ist zweimal differenzierbar. Für die inneren Knoten b_{3k} folgt mit den Hilfspunkten d_k aus **21.2.**

(2) $$\begin{aligned} 3b_{3k-1} &= d_{k-1} + 2d_k \\ 3b_{3k+1} &= \phantom{d_{k-1} +{}} 2d_k + d_{k+1}\,. \end{aligned}$$

Das heißt, b_{3k+1} und b_{3k+2} **dreiteilen** die Strecke zwischen d_k und d_{k+1}. Es ist daher zweckmäßig, bei kubischen Splines die $d_k, k = 0, \dots, m$, als Parameter einzuführen.

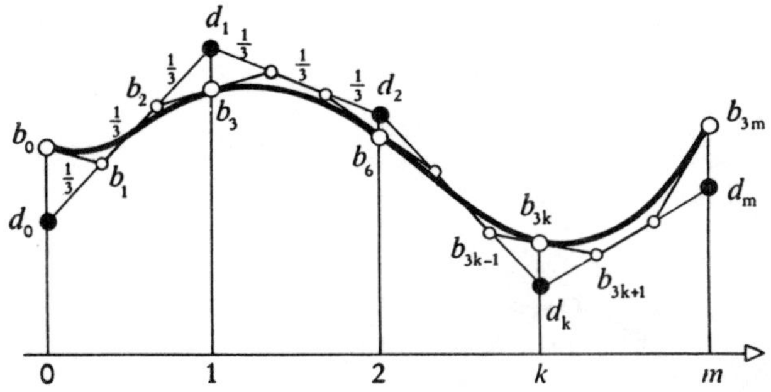

Bild 21.6. Kubischer Spline

Durch Addition der beiden Gleichungen (2) folgt mit (1) für die inneren Knoten b_{3k}

$$d_{k-1} + 4d_k + d_{k+1} = 6b_{3k}.$$

Zusammen mit den beiden Gleichungen (2) für b_1 und b_{3m-1} bilden sie ein tridiagonales lineares Gleichungssystem für die Parameter $d_0, \dots, d_m$:

$$\begin{bmatrix} 2 & 1 & & & \\ 1 & 4 & 1 & & \\ & & \ddots & & \\ & & 1 & 4 & 1 \\ & & & 1 & 2 \end{bmatrix} \begin{bmatrix} d_0 \\ d_1 \\ \vdots \\ d_{m-1} \\ d_m \end{bmatrix} = \begin{bmatrix} 3b_1 \\ 6b_3 \\ \vdots \\ 6b_{3m-3} \\ 3b_{3m-1} \end{bmatrix}$$

Der durch die Lösung $d_0, \dots, d_m$ zu gegebener rechter Seite und durch die **Randpunkte** b_0 und b_{3m} eindeutig bestimmte Spline heißt kubischer **Interpolationsspline.** b_1 und b_{3m-1} bestimmen nach Bemerkung *1* in **20.3** die Tangentenrichtungen in b_0 und b_{3m}.

Bemerkung 1: Sind die $d_0, \dots, d_m$ berechnet oder vorgegeben, so bestimmt man zunächst alle inneren Bézier-Punkte $b_{3k\pm1}$ der Segmente nach (2) und dann, falls notwendig, alle inneren Knoten b_{3k} der Bézier-Kurve nach (1). Die Randpunkte b_0 und b_{3m} hängen von den d_k nicht ab.

Bemerkung 2: Ein kubischer Spline $s(x)$ mit $d_0 = b_0$ und $d_m = b_{3m}$ heißt **natürlicher Spline,** für ihn ist

$$s''(0) = s''(m) = 0.$$

Bemerkung 3: Ein kubischer Spline $s(x)$ mit $d_{m+i} = d_i$ und $b_{3m+i} = b_i$, heißt **periodischer Spline,** für ihn ist

$$s(0) = s(m), \; s'(0) = s'(m) \text{ und } s''(0) = s''(m).$$

Beispiel 1: Ein Spline, für den nur ein d_k von Null verschieden und gleich 1 ist, heißt Basis-Spline oder kurz ***B*-Spline** $N_k(x)$. Für die Bézier-Punkte eines kubischen *B*-Splines folgt aus (1) und (2)

j	0	1	2	3	4	...
$b_{3k\pm j}$	$\frac{4}{6}$	$\frac{4}{6}$	$\frac{2}{6}$	$\frac{1}{6}$	0	0

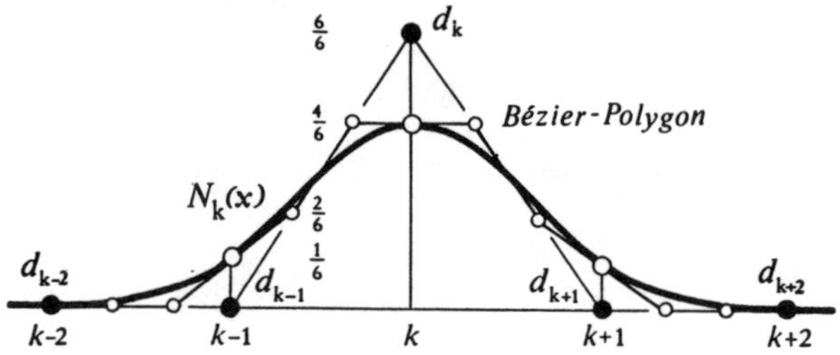

Bild 21.7. Kubischer B-Spline

$N_k(x)$ ist daher nur für $k-2<x<k+2$ von Null verschieden.

Bemerkung 4: Die $m+3$ *B*-Splines $N_k(x)$ für $k=-1, 0, 1, \dots, m, m+1$ bilden eine Basis der kubischen Splines in $[0, m]$.

21.4 Die Minimaleigenschaft

Kubische Splines $s(x)$ sind Näherungen für **Biegelinien**, englisch: **splines.** Es gilt

Bild 21.8. Biegelinie

Satz 1: Kubische Splines minimieren das Energieintegral $\int_0^m (s''(x))^2\,dx$.

Zum Beweis des Satzes betrachtet man eine zweimal stetig differenzierbare Vergleichsfunktion $f(x)$ durch dieselben Knoten und mit denselben Bedingungen für den Rand. Mit

$$f(x) = s(x) + (f(x) - s(x))$$

wird

$$\int_0^m (f'')^2\,dx = \int_0^m (s'')^2\,dx + 2\int_0^m s''(f''-s'')\,dx + \int_0^m (f''-s'')^2\,dx.$$

Für das mittlere Integral folgt zunächst wegen der Stetigkeit von $s''(x)$ durch partielle Integration

$$\int_0^m s''(f''-s'')\,dx = s''(f'-s')\Big|_0^m - \int_0^m s'''(f'-s')\,dx.$$

Der erste Ausdruck rechts verschwindet wegen der Bedingungen für den Rand. Im zweiten ist $s''' = s_k'''$ segmentweise fest, daher folgt durch segmentweise Integration

$$\int_0^m s'''(f'-s')\,dx = \sum_{k=0}^{m-1} s_k'''(f-s)\Big|_k^{k+1}.$$

In der Summe verschwinden aber alle Terme wegen der Gleichheit von s und f in den Knoten. Nun ist $\int_0^m (f''-s'')^2\,dx > 0$ für alle stetigen $f''(x) \neq s''(x)$, also

$$\int_0^m (f''(x))^2\,dx \geq \int_0^m (s''(x))^2\,dx.$$

Das Gleichheitszeichen gilt nur für $f''(x) = s''(x)$. $s''(x)$ aber ist ein Polygonzug, woraus durch Integration die Behauptung $f(x) = s(x)$ folgt.

21.5 Aufgaben und Ergänzungen

1. Bézier-Kurven, Subsplines und Splines lassen sich in der gleichen Weise auch für nicht äquidistante Gitter konstruieren.
2. Die Folge der Interpolationssplines von festem Grad n für jede in einem Intervall stetige Funktion $f(x)$ konvergiert mit einer Verfeinerung der (äquidistanten) Segmentierung gegen $f(x)$.
3. Ersetzt man die b_i und d_k durch Koordinatenspalten, so stellt die Koordinatenspalte $s(x)$ einen **allgemeinen kubischen Spline** dar.
4. Man zeige mit **20.5**: In den Trennstellen stimmen die Krümmungsradien beider Segmente überein.
5. Eine segmentierte Fläche, deren beide Scharen von Parameterlinien Splines sind, heißt **Bispline.** Für die Darstellung als Bézier-Fläche gilt der

   Hauptsatz: Die Bézier-Punkte der Zeilen (Spalten) der Bézier-Matrix sind Bézier-Punkte von Splines.

V Numerische Differentiation und Integration

In den Anwendungen nehmen die numerische Differentiation und die numerische Integration insbesondere von Differentialgleichungen einen breiten Raum ein. Bereits bei der Lösung von Anfangswertaufgaben für gewöhnliche Differentialgleichungen werden die grundsätzlichen Schwierigkeiten der Behandlung eines kontinuierlichen Problems mit dem diskret arbeitenden Digitalrechner deutlich.

22 Numerische Differentiation und Integration

Das Problem, die Ableitung einer Funktion $f(x)$ an einer Stelle x numerisch zu bestimmen, löst man, indem man f an der Stelle x durch eine Funktion $a(x)$ approximiert, deren Ableitungen einfach anzugeben sind. Analog bestimmt man das Integral über $f(x)$, indem man f stückweise durch Segmente approximiert, deren Integrale einfach angebbar sind.

22.1 Differentiation des Stützpolynoms

Es liegt nahe, die zu differenzierende Funktion in der Umgebung von x durch ein Stützpolynom vom Grad n mit $n + 1$ gleichabständigen Stützstellen $x_i := x_0 + ih$, $i = 0, 1, \dots, n$ zu ersetzen und dies zu differenzieren. Mit den Bezeichnungen von **18.1** wird

für $n = 1$

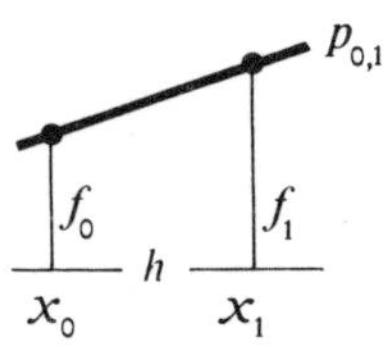

$$f' = \frac{1}{h}(f_1 - f_0)$$

und für $n = 2$

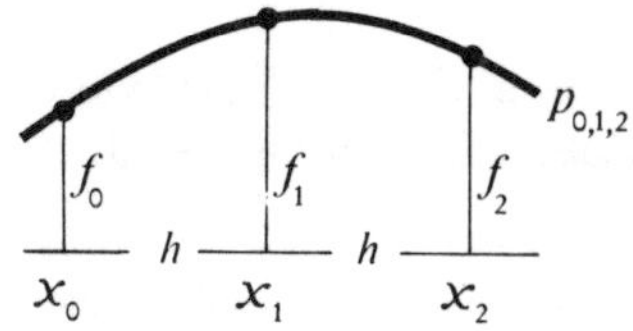

$$f_0' = \frac{1}{2h}(-3f_0 + 4f_1 - f_2)$$

$$f_1' = \frac{1}{2h}(f_2 - f_0)$$

$$f_2' = \frac{1}{2h}(f_0 - 4f_1 + 3f_2)$$

$$f'' = \frac{1}{h^2}(f_0 - 2f_1 + f_2)$$

usf. Die Formeln haben alle die Gestalt

$$\sum_{i=0}^{n} \beta_i f_i \quad \text{mit} \quad \sum_{i=0}^{n} \beta_i = 0.$$

Für eine Formelsammlung ist die folgende einfache Notation solcher Formeln zweckmäßig. An den Stützstellen stehen die Gewichte für die Stützwerte, links der Grad der Ableitung, die an der Stelle ○ genommen wird, rechts der Nenner.

Differentiation

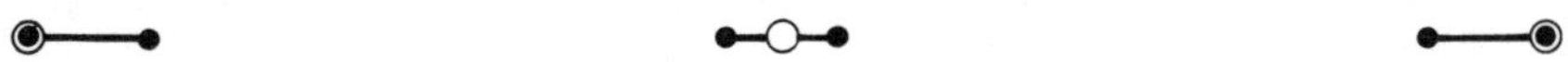

f'	-1	1	h	-1	1	h	-1	1	h

f'	-3	4	-1	$2h$	-1	0	1	$2h$	1	-4	3	$2h$
f''	1	-2	1	h^2	1	-2	1	h^2	1	-2	1	h^2

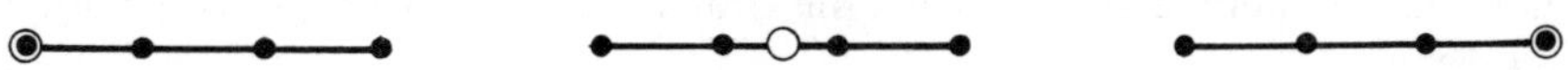

f'	-11	18	-9	2	$6h$	1	-27	27	-1	$24h$	-2	9	-18	11	$6h$
f''	2	-5	4	-1	h^2	1	-1	-1	1	$2h^2$	-1	4	-5	2	h^2
f'''	-1	3	-3	1	h^3	-1	3	-3	1	h^3	-1	3	-3	1	h^3

22.2 Fehlerabschätzung für die numerische Differentiation

Für die Abweichung $P_{n+1}(x) = f(x) - \mathrm{pol}(x)$ der Funktion f vom Stützpolynom gilt nach **19.2**

$$P_{n+1}(x) = \frac{1}{(n+1)!} f^{(n+1)}(y) \prod_{i=0}^{n} (x - x_i).$$

Durch Differentiation nach x folgt daraus nach etwas Rechnung für die Stützstelle x_k

$$f'(x_k) - \mathrm{pol}'(x_k) = \frac{1}{(n+1)!} f^{(n+1)}(y(x_k)) \prod_{\substack{i=0 \\ i \neq k}}^{n} (x_k - x_i)$$

und daraus für äquidistante Stützstellen $x_i = x_0 + ih$ mit einer geeigneten Konstanten

$$M \geq \left| \frac{1}{(n+1)} f^{(n+1)}(x) \right| \quad \text{für alle } x \in [x_0, x_n]$$

schließlich

$$|f'(x_k) - \mathrm{pol}'(x_k)| \leq M h^n.$$

D.h., der Fehler geht mit h^n gegen Null. Man nennt daher $\mathrm{pol}'(x_k)$ eine **Näherung der Ordnung n** für $f'(x_k)$.

Allgemein nennt man einen von h abhängenden Näherungswert $A(h)$ einer Zahl a **von der Ordnung p,** falls p die größte natürliche Zahl ist, für die mit einer geeigneten Konstanten M

$$|A(h) - a| \leq Mh^p$$

ist.

Beispiel 1: Es ist $\frac{1}{h}(f(x+h) - f(x))$ eine Näherung der Ordnung eins für $f'(x)$. Das folgt unmittelbar aus der Taylor-Entwicklung von $f(x+h)$.

Beispiel 2: Es ist $\frac{1}{2h}(f(x+h) - f(x-h))$ eine Näherung der Ordnung zwei für $f'(x)$. Das folgt unmittelbar aus der Taylor-Entwicklung von $f(x \pm h)$.

Bemerkung 1: Mit Hilfe des **Landauschen Symbols** O (sprich: groß O) kann man die **Ordnung** auch so definieren: $A(h)$ hat die Ordnung p, falls p die größte natürliche Zahl ist, für die

$$a = A(h) + O(h^p)$$

ist. Dabei ist $O(h^p)$ eine Funktion, für die $\dfrac{O(h^p)}{h^p}$ für $h \to 0$ beschränkt bleibt.

Bemerkung 2: Eine Erhöhung des Grades n des Stützpolynoms allein verbessert im allgemeinen das Ergebnis nicht.

22.3 Integration des Stützpolynoms

Durch Integration des Stützpolynoms $p_{0,\ldots,n}$ erhält man analoge Näherungen F für das Integral über $f(x)$. Insbesondere erhält man für gleichabständige Stützstellen $x_i = x_0 + ih$ und die Länge l des Integrationsintervalls in den Bezeichnungen von **18.1**:

für $n = 1$ die **Sehnentrapezregel:**

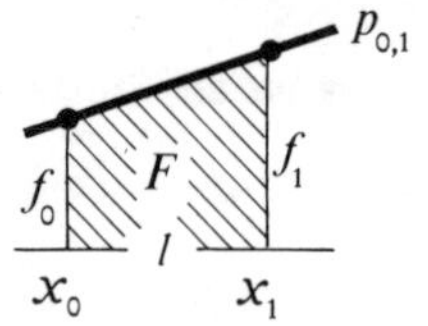

$$F = \frac{l}{2}(f_0 + f_1),$$

$$l = h,$$

für $n = 2$ die **Simpsonregel:**

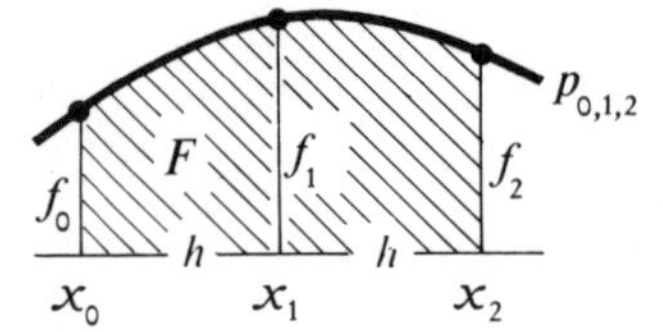

$$F = \frac{l}{6}(f_0 + 4f_1 + f_2),$$

$$l = 2h,$$

für $n = 3$ und das innere Segment die **Regel von Bessel:**

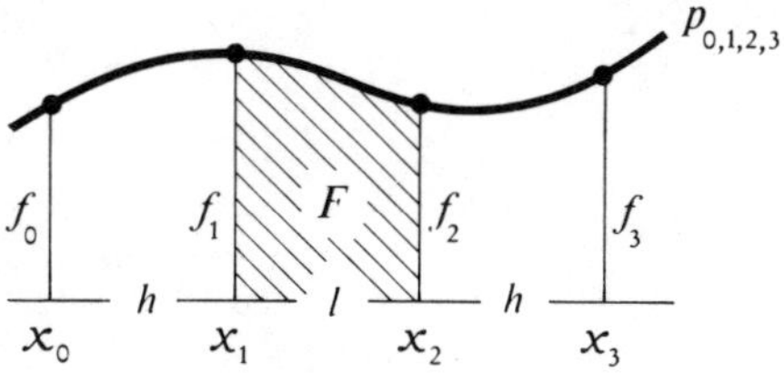

$$F = \frac{l}{24}(-f_0 + 13f_1 + 13f_2 - f_3),$$

$$l = h,$$

oder auch für $n = 0$ die sogenannte **Tangententrapezregel:**

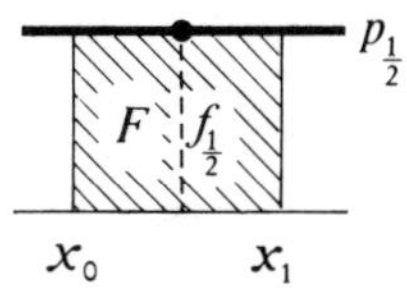

$$F = l f_{1/2},$$

$$l = h$$

wobei mit $f_{1/2}$ der Funktionswert an der Stelle $x_0 + \frac{1}{2}h$ bezeichnet wird.
Diese Näherungsformeln lassen sich alle

$$\int_a^b \text{pol}(x)\,dx = l \cdot \sum_0^n \alpha_i f_i,$$

schreiben, mit $\sum_0^n \alpha_i = 1$; sie heißen Formeln von **Newton-Cotes.**

Für eine Formelsammlung ist eine ähnliche Notation wie in **22.1** zweckmäßig. An den äquidistanten Stützstellen stehen die Gewichte, rechts daneben die Summe der Gewichte, durch die dividiert werden muß, das Integrationsintervall ist durch 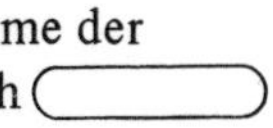 gekennzeichnet. Es ist für $l = 1$:

Tangententrapez

1 1

Sehnentrapez

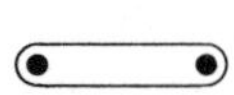

1 1 2

Simpson

1 4 1 6

Bessel

−1 13 13 −1 24

und 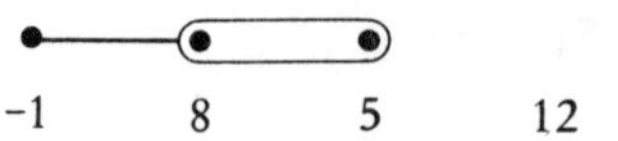

oder auch für ein überhängendes Intervall

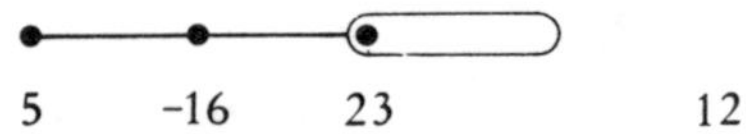

oder 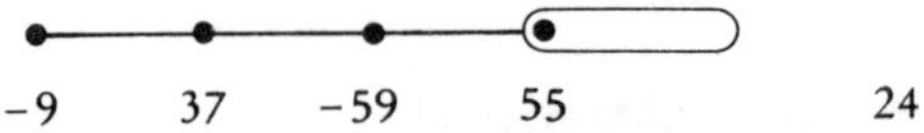

Bemerkung 3: Insbesondere aber ist z.B.

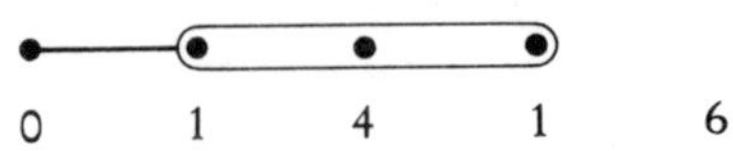

wieder die Simpson-Regel. Für gleichabständige Stützstellen ist nämlich aus Symmetriegründen für Lagrangepolynome $l_0(x)$ ungeraden Grades $\int_{x_1}^{x_n} l_0(x)\,dx = 0$.

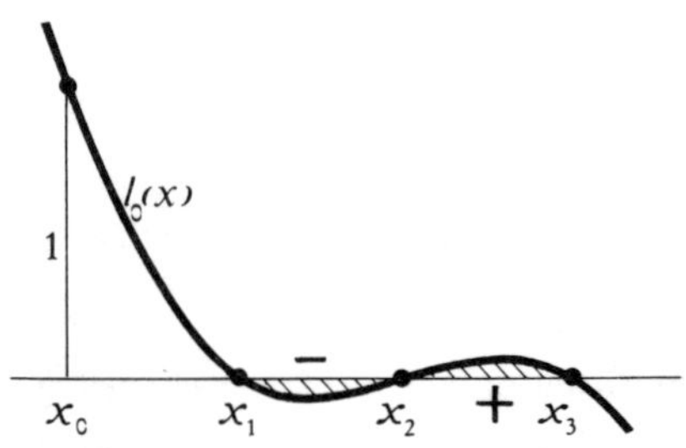

Bild 22.1
Lagrange-Polynom (ungerade)

22.4 Summation

Für die Integration über ein längeres Intervall $I = [a, b]$ teilt man I zweckmäßig durch $x_k := a + kh$ in m gleichmäßige Teile der Breite $h = \frac{b-a}{m}$, approximiert segmentweise etwa durch Polynome vom Grad n, integriert und summiert.

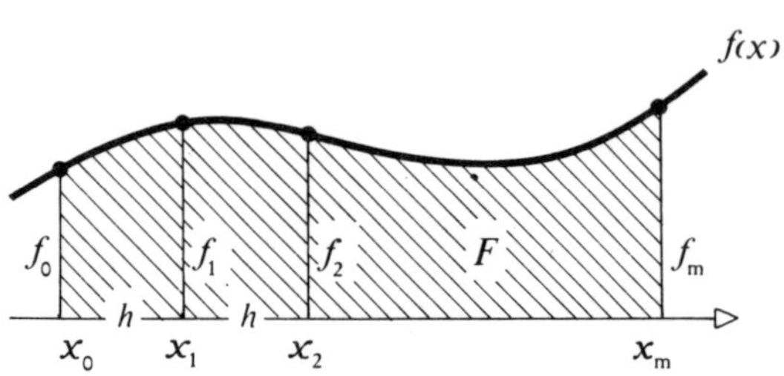

Bild 22.2. Summation

Man erhält so als Näherung für das Integral

$$\int_a^b f(x)\,dx$$

z. B. die **Tangententrapezsumme**

$$T := h\,(f_{1/2} + f_{3/2} + f_{5/2} + \dots + f_{m-1/2}),$$

die **Sehnentrapezsumme**

$$S := \frac{h}{2}\,(f_0 + 2f_1 + \dots + 2f_{m-1} + f_m)$$

oder im Fall m = gerade die **Simpson-Summe**

$$P := \frac{h}{3}\,(f_0 + 4f_1 + 2f_2 + 4f_3 + \dots + 4f_{m-1} + f_m).$$

22.5 Fehlerabschätzung für die numerische Integration

Durch Integration der Abweichung $P_{n+1} = f(x) - \mathrm{pol}\,(x)$ eines Segments k mit den Stützstellen $z_0, \dots, z_n$ erhält man analog **22.2** zunächst

$$\int_{x_k}^{x_{k+1}} f(x)\,dx - \int_{x_k}^{x_{k+1}} \mathrm{pol}\,(x)\,dx = \frac{1}{(n+1)!} \int_{x_k}^{x_{k+1}} f^{(n+1)}(y\,(x)) \prod_{j=0}^{n} (x - z_j)\,dx.$$

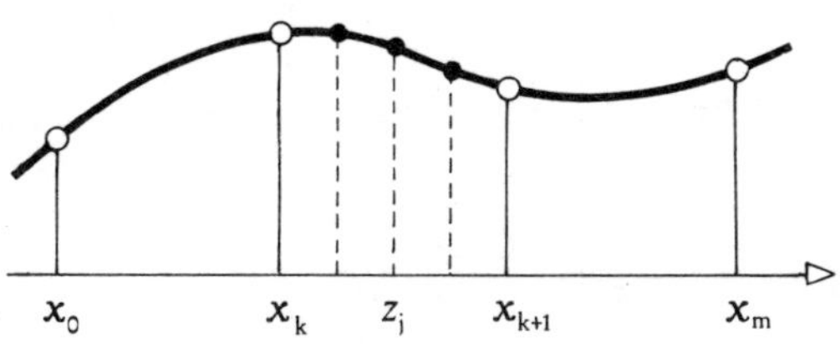

Bild 22.3
Stützstellen eines Segments

Für $n = 1$, das ist die Sehnentrapezregel, beträgt daher der Fehler nach dem verallgemeinerten Mittelwertsatz der Integralrechnung, da $(x - x_k)\,(x - x_{k+1}) \leq 0$ in $[x_k, x_{k+1}]$ ist,

$$\frac{1}{2} f''(y_k) \int_{x_k}^{x_{k+1}} (x - x_k)\,(x - x_{k+1})\,dx = -\frac{h^3}{12} f''(y_k) \quad \text{mit } y_k \in [x_k, x_{k+1}].$$

Durch Summation über k erhält man daraus

$$\int_a^b f(x)\,dx - S = -\frac{h^3}{12}\sum_{k=0}^{m-1} f''(y_k) = -\frac{h^2}{12}(b-a)f''(y).$$

Die Sehnentrapezsumme ist also von der Ordnung 2.

Bemerkung 4: Die Tangententrapezsumme hat ebenfalls die Ordnung 2, die Simpsonsumme dagegen die Ordnung 4.

22.6 Aufgaben und Ergänzungen

1. Man prüft die Formeln für numerische Differentiation und Integration leicht an $f = 1, x, x^2$ usf.

2. Für die Ableitungen der Bézier-Polynome vom Grad n gilt in $\lambda = 0$

$$\text{pol}^{(k)}(0) = \frac{n!}{(n-k)!}\,\Delta^k b_0 .$$

3. Für Bézier-Polynome nach **20.2** gilt wegen $\int_0^1 B_i^n(\lambda)\,d\lambda = \frac{1}{n+1}$

$$\int_0^1 \text{pol}(\lambda)\,d\lambda = \frac{1}{n+1}\sum_{i=0}^{n} b_i .$$

4. Für kubische Subsplines und Splines nach **21.3** gilt ($m \geq 2$)

$$\int_0^m \text{bez}(x)\,dx = \frac{1}{4}(b_0 + b_1 + 4b_3 + \ldots + 4b_{3m-3} + b_{3m-1} + b_{3m})$$

5. Für kubische Splines nach **21.3** gilt ($m \geq 3$)

$$\int_0^m \text{bez}(x)\,dx = \frac{1}{12}(3b_0 + 4d_0 + 11d_1 + 12d_2 + \ldots + 12d_{m-2} + \\ + 11d_{m-1} + 4d_m + 3b_{3m}).$$

23 Extrapolation

Oft ist ein gesuchter Grenzwert nicht direkt berechenbar, sondern man kann nur Werte in der Nähe des Grenzwerts bestimmen. Man versucht dann, diese Werte durch **Extrapolation** zu verbessern.

23.1 Näherungsfolgen

Ist eine Näherung $A(h)$ für einen Wert a stetig in h und nimmt für $h = 0$ den Wert a an, so erhält man zu einer Folge von Schrittweiten $h_0, h_1, \ldots$, die gegen Null konvergiert, eine Folge von Näherungen $A_0, A_1, \ldots$, die gegen a konvergiert. Häufig wählt man eine **geometrische Folge von Schrittweiten**

$$h_k := q^k h_0 \quad \text{mit} \quad 0 < q < 1.$$

Beispiel 1: Der folgende Algorithmus bestimmt die Folge der Sehnentrapezsummen aus **22.4** für die N-malige **fortgesetzte Halbierung** der Schrittweite $h_0 := b - a$. Es ist $q = \frac{1}{2}$. Daher tritt die Summe S_{k-1} auch in S_k auf, braucht also nicht erneut bestimmt zu werden.

Sehnentrapezsumme

Gegeben: $f(x)$; a, b; N

Gesucht: $S_0, \ldots, S_N$ (Sehnentrapezsummen)

1 Setze $h := b - a$

2 und $S_0 := \frac{h}{2}(f(a) + f(b))$.

3 Für $k = 1, 2, \ldots, N$

4   setze $h := \frac{h}{2}$,

5   bestimme $T_{k-1} := 2h \sum_{i=1}^{2^{k-1}} f(a + (2i - 1)h)$

6   und $S_k := \frac{1}{2}(S_{k-1} + T_{k-1})$.

Bemerkung 1: Die T_{k-1} in der Anweisung 5 sind die Tangententrapezsummen aus **22.4**.

Bemerkung 2: Durch die Wahl von $q = \frac{1}{2}$ wird der Rechenaufwand, der im wesentlichen in der Bestimmung der Funktionswerte liegt, gegenüber einer allgemeineren Wahl etwa halbiert.

23.2 Richardson-Extrapolation

Die Konvergenz der Näherungsfolge der $A_k := A(h_k)$ läßt sich im allgemeinen beschleunigen. Besitzt nämlich die Näherung $A(h)$ eine sogenannte **asymptotische Entwicklung**

$$A(h) = a + a_p h^p + O(h^{p+r})$$

mit $a_p \neq 0$, so hat $A(h)$ die Ordnung p, und man kann wie in **13.4** vorgehen.

Sind zu zwei Schrittweiten h_0 und h_1 die Näherungswerte A_0 und A_1 bestimmt, so eliminiert man aus

$$A_0 = a + a_p h_0^p + O(h_0^{p+r}),$$

$$A_1 = a + a_p h_1^p + O(h_1^{p+r})$$

a_p und erhält mit $h_1 := q\,h_0$

$$a = \frac{A_1 - q^p A_0}{1 - q^p} + O(h_0^{p+r}).$$

Daher ist

$$A_{0,1} := \frac{A_1 - q^p A_0}{1 - q^p}$$

eine Näherung mindestens der Ordnung $p + r$.

Bemerkung 3: Man kann $A_{0,1}$ als **Extrapolation** für $h = 0$ mittels des speziellen Polynoms $c_0 + c_p h^p$ mit den Stützwerten A_0 und A_1 deuten, $c_0 = A_{0,1}$ und $c_p = \dfrac{A_1 - A_0}{h_0^p (q^p - 1)}$ sind Näherungen für a und a_p.

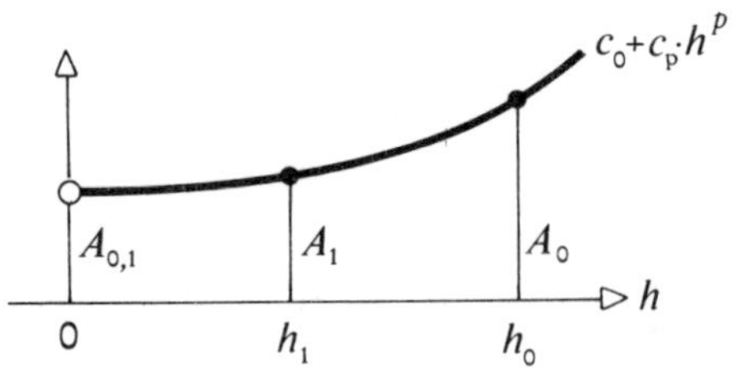

Bild 23.1
Extrapolation

Für eine geometrische Folge von Schrittweiten $h_k := q^k h_0$ und die zugehörigen Näherungen $A_k := A(h_k)$ der Ordnung p erhält man wie $A_{0,1}$ aus A_0 und A_1 die Folge

$$A_{k-1,k} := \frac{A_k - q^p A_{k-1}}{1 - q^p}$$

von Näherungen $A_{k-1,k}$ von mindestens der Ordnung $p + r$.

Bemerkung 4: Die Folge der $A_{k-1,k}$ konvergiert in folgendem Sinne *schneller* gegen a als die Folge der A_k, es ist

$$\frac{A_{k-1,k} - a}{A_k - a} = O(h^r).$$

Beispiel 2: Für den **symmetrischen Differenzenquotienten**

$$D(h) := \frac{1}{2h}\,(f(x+h) - f(x-h))$$

erhält man aus der Taylorentwicklung von $f(x \pm h)$ an der Stelle x die asymptotische Entwicklung

$$D(h) = f'(x) + \frac{1}{3!} f'''(x) h^2 + \frac{1}{5!} f^{(5)}(x) h^4 + \dots .$$

$D(h)$ hat daher bei $f'''(x) \neq 0$ die Ordnung $p = 2$.

Beispiel 3: Man kann für die **Sehnentrapezsumme** eine asymptotische Entwicklung der Form

$$S(h) = \int_a^b f(x)dx + s_2 h^2 + s_4 h^4 + \dots$$

mit $h = \dfrac{b-a}{m}$, m = natürlich, nachweisen. Der Beweis soll hier nicht gebracht werden. Die Sehnentrapezsumme hat die Ordnung 2.

Durch Extrapolation erhält man für $q = \frac{1}{2}$

$$S_{k-1,k} := \frac{S_k - \frac{1}{4} S_{k-1}}{1 - \frac{1}{4}} = \frac{1}{3}(4 S_k - S_{k-1}).$$

Bemerkung 5: Man überzeugt sich leicht, daß die $S_{k-1,k}$ des Beispiels *3* die Folge der Simpson-Summen zu den Schrittweiten $\dfrac{h_0}{2}, \dfrac{h_0}{4}, \dfrac{h_0}{8}, \dots$ bilden.

23.3 Wiederholte Richardson-Extrapolation

Es liegt nahe, die Extrapolation zu wiederholen. Das ist in besonders einfacher Weise möglich, wenn die Näherung $A(h)$ eine asymptotische Entwicklung der Form

$$A(h) = a + a_p h^p + a_{2p} h^{2p} + \dots + a_{np} h^{np} + O(h^{np+r})$$

mit nichtverschwindenden Koeffizienten a_{ip} besitzt. $A(h)$ hat die Ordnung p. Durch Einsetzen erhält man für $A_{k-1,k}$ die asymptotische Entwicklung

$$A_{k-1,k} = \frac{A_k - q^p A_{k-1}}{1-q^p} = a + b_{2p} h^{2p} + \dots + O(h^{np+r})$$

mit neuen Koeffizienten b_{ip}. Dabei wurde $h_{k-1} =: h$ gesetzt. $A_{k-1,k}$ hat die Ordnung $2p$. Die **wiederholte Richardson-Extrapolation** liefert die Näherungen

$$A_{k-2,k-1,k} := \frac{A_{k-1,k} - q^{2p} A_{k-2,k-1}}{1-q^{2p}}$$

der Ordnung $3p$, und so fort bis zur Ordnung $np + r$.

Die $A_{i,\dots,k}$ lassen sich übersichtlich in einem Neville-artigen **Schema zur wiederholten Richardson-Extrapolation**

	1	q^p	q^{2p}		$\dots$	q^{np}
	A_0		$k-i$			
i —	A_1	$A_{0,1}$				
	A_2	$A_{1,2}$	$A_{0,1,2}$			
k —	A_3	$A_{2,3}$	$A_{1,2,3}$	$A_{0,1,2,3}$		
	$\vdots$	$\vdots$	$\vdots$		$\ddots$	
	A_n	$A_{n-1,n}$	$A_{n-2,n-1,n}$		$\dots$	$A_{0,\dots,n}$
	$\vdots$	$\vdots$	$\vdots$			$\vdots$

anordnen, für sie gilt die Rekursionsformel

$$A_{i,\dots,k} := \frac{A_{i+1,\dots,k} - q^{(k-i)p} A_{i,\dots,k-1}}{1-q^{(k-i)p}} .$$

Bequemerweise werden die $q^{(k-i)p}$ über die Spalten $k-i$ geschrieben.

Bemerkung 6: Jede Spalte des Schemas konvergiert im Sinne der Bemerkung *4* schneller gegen a als die vorhergehende.

Beispiel 4: Ein Beispiel für die fortgesetzte Richardson-Extrapolation ist die folgende Romberg-Integration.

23.4 Romberg-Integration

Die asymptotische Entwicklung der Sehnentrapezsumme im Beispiel *3* läßt eine unbeschränkt fortgesetzte Richardson-Extrapolation zu.

Die erste Spalte der S_k des Neville-artigen Schemas enthält die Sehnentrapezsummen, die zweite die Simpsonsummen. Man bestimmt das Schema jedoch besser zeilenweise, wobei man die $S_{k-1}, \dots, S_0$ wiederholt von unten nach oben durch die $S_{k-1,k}, \dots, S_{0,\dots,k}$ überschreibt. Man kann dann leicht eine weitere Halbierung der Schrittweite durchführen.

Dieses Verfahren wurde erstmals von Romberg vorgeschlagen:

Romberg-Integration

Gegeben: $S_0, \dots, S_N$ (Sehnentrapezsummen)
Gesucht: $S := S_{0,\dots,N}$

Für $k = 1, 2, \dots, N$
    setze $r := 1$
    für $i = k-1, k-2, \dots, 0$
        setze $r := 4r$
        bestimme $S_i := \dfrac{r S_{i+1} - S_i}{r-1}$.
Setze $S := S_0$.

23.5 Aufgaben und Ergänzungen

1. Eine asymptotische Entwicklung

$$A(h) = a + a_1 h + a_2 h^2 + \dots\ a_p h^p + O(h^{p+1}),$$

die für jedes p existiert, braucht als Reihe nicht zu konvergieren.

2. Man kann die Rekursionsformel für die $A_{i,\dots,k}$ bei der fortgesetzten Richardson-Extrapolation aus dem Lemma von Aitken gewinnen, indem man $p_{i,\dots,k} := A_{i,\dots,k}$ und $x := 0$, $x_i := q^i h_0$; $x_k := q^k h_0$ setzt.

3. Wegen 2 kann man die Bestimmung von $A_{i,\dots,k}$ auch als **fortgesetzte lineare Extra-**

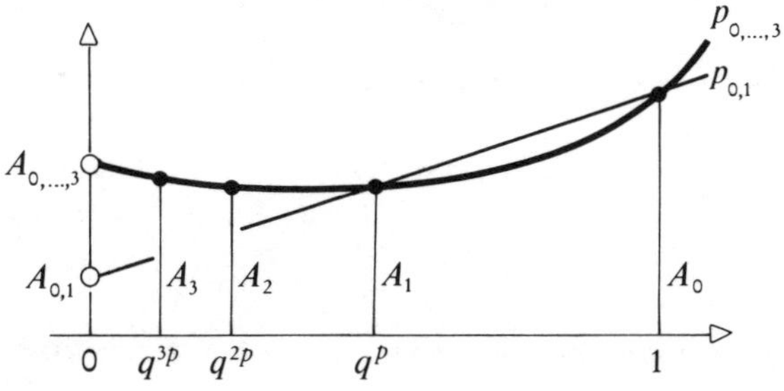

Bild 23.2
Fortgesetzte lineare Extrapolation

polation deuten, indem man A_k nicht wie in Bemerkung *3* über q^k sondern über q^{kp} aufträgt.

4. Nicht in jedem Fall verbessert die Extrapolation das Ergebnis. Es gibt Näherungsformeln $A(h)$, die eine asymptotische Entwicklung besitzen, bei denen Extrapolation aber unzweckmäßig ist.
5. Schon die vierte Spalte des Romberg-Schemas erhält man nicht mehr durch Approximation der Segmente durch Polynome.

24 Einschrittverfahren für Differentialgleichungen

Das Problem der Bestimmung der Lösung einer **Differentialgleichung** oder eines Systems von Differentialgleichungen **1. Ordnung**

$$y' = f(x, y)$$

in einem Intervall $[a, b]$ zu gegebenem Anfangswert $y_a := y(a)$ nennt man **Anfangswertproblem.** Man löst es numerisch näherungsweise durch Fortschreiten in einem **Gitter.** Wird zur Bestimmung des nächsten Gitterpunktes nur der vorhergehende benutzt, nennt man das Näherungsverfahren **Einschrittverfahren.**

24.1 Diskretisierung

Durch eine Differentialgleichung 1. Ordnung[1])

$$y' = f(x, y)$$

mit einem im **Streifen** $I := [a, b] \times \mathbb{R}$ stetigen $f(x, y)$ ist ein **Richtungsfeld** bestimmt.

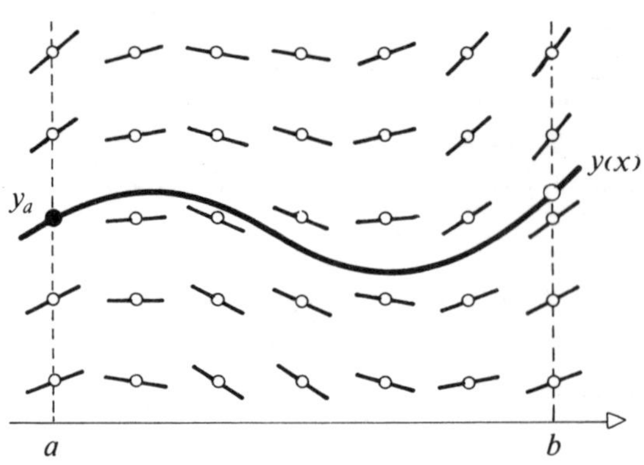

Bild 24.1
Richtungsfeld

[1]) Für Systeme sind y und y' Koordinatenspalten, dann ist $|\cdot|$ durch $\|\cdot\|$ zu ersetzen.

Zu jedem Anfangswert y_a gibt es bekanntlich genau eine Lösung $y(x)$, falls f in I einer **Lipschitzbedingung**

$$|f(x, y) - f(x, z)| \leq L\,|y - z|$$

genügt. Die Grundidee zur numerischen Lösung ist die Einteilung des Streifens I durch ein zunächst gleichabständiges Gitter $x_k := a + kh$, $k = 0, \dots, m$ und das Ersetzen der Lösungskurve $y(x)$ durch einen Polygonzug mit den Ecken (x_k, η_k) bei $\eta_0 := y_a$.

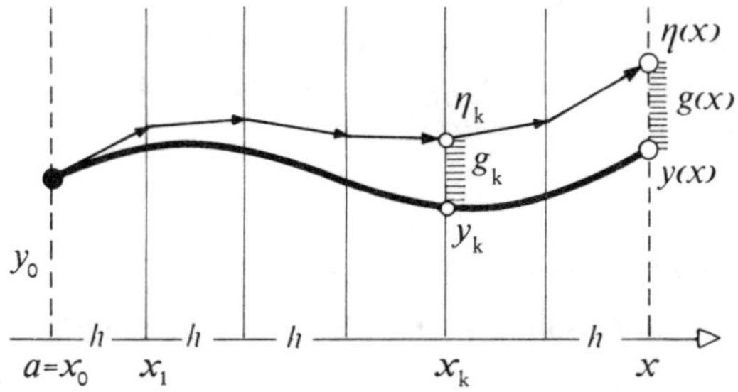

Bild 24.2
Näherungspolygon und globaler Diskretisierungsfehler

Die einfachste Konstruktion eines solchen Polygonzugs geht auf Euler zurück, er setzte

$$\eta_{k+1} := \eta_k + hf(x_k, \eta_k).$$

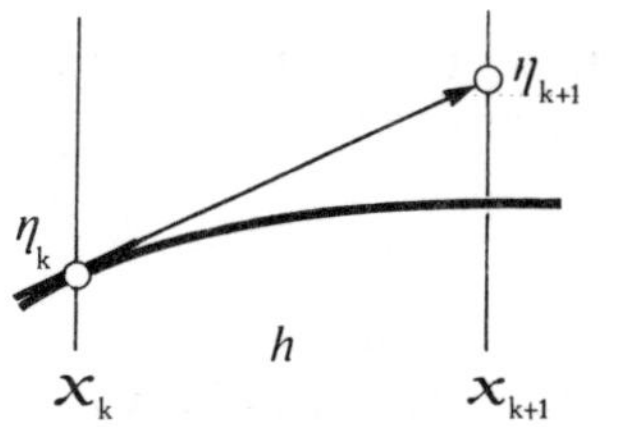

Bild 24.3
Verfahren von Euler

Allgemein setzt man bei Einschrittverfahren

$$\eta_{k+1} := \eta_k + hF(x_k, \eta_k),$$

wobei die **Fortschreitungsrichtung** F außer von x_k, η_k von f und meist auch von h abhängt.

24.2 Der Diskretisierungsfehler

Liegt η_{k+1} auf der Lösungskurve mit den Anfangswerten x_k, η_k, so ist die Fortschreitungsrichtung **exakt**. Sie wird mit $D(x_k, \eta_k)$ bezeichnet. Insbesondere ist

$$D(x_k, \eta_k) = f(x_k, \eta_k) \quad \text{für } h = 0.$$

Die Abweichung der Fortschreitungsrichtung F von der **exakten Richtung** D

$$l_k := F(x_k, \eta_k) - D(x_k, \eta_k)$$

heißt **lokaler Diskretisierungsfehler.**

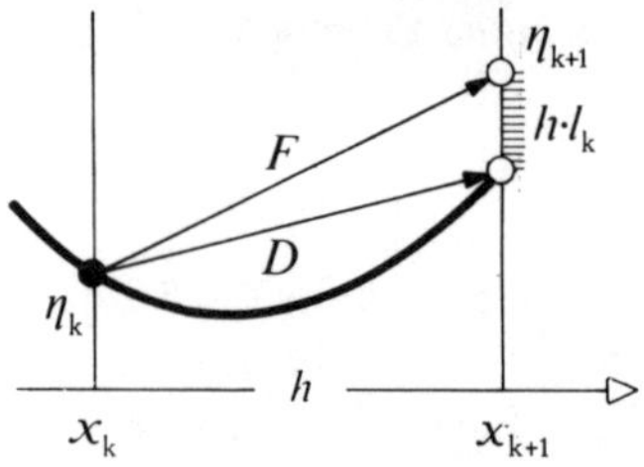

Bild 24.4
Lokaler Diskretisierungsfehler

Dagegen nennt man die Abweichung des Wertes η_k des Näherungspolygons in einem Gitterpunkt x_k von der exakten Lösung $y_k := y(x_k)$

$$g_k := \eta_k - y_k$$

den **globalen Diskretisierungsfehler.**

Ein Einschrittverfahren heißt von der **Ordnung** p, falls p die größte natürliche Zahl mit

$$l_k(h) = O(h^p)$$

ist. Man wird von einem Einschrittverfahren verlangen, daß für jedes $x \in [a, b]$ die mit der Schrittweite $h = \frac{x-a}{m}$ bestimmte Näherung $\eta(x)$ für jede Verfeinerung der Einteilung mit $h \to 0$ gegen die Lösung $y(x)$ konvergiert. Das Einschrittverfahren heißt daher **konvergent** mit der **Ordnung** p, falls p die größte natürliche Zahl mit

$$g(x) = \eta(x) - y(x) = O(h^p)$$

ist.

Der folgende Satz zeigt, daß es für die Konvergenz von Einschrittverfahren ausreicht, den lokalen Diskretisierungsfehler zu betrachten:

Satz 1: Hat der lokale Diskretisierungsfehler eines Einschrittverfahrens die Ordnung $p \geq 1$ und ist die Fortschreitungsrichtung F Lipschitz-beschränkt, so ist das Einschrittverfahren konvergent mit mindestens der Ordnung p.

Zum Beweis wird mit

$$\eta_{k+1} = \eta_k + hF(x_k, \eta_k) \quad \text{und} \quad y_{k+1} = y_k + hD(x_k, y_k)$$

zunächst

$$g_{k+1} = g_k + h[F(x_k, \eta_k) - F(x_k, y_k) + F(x_k, y_k) - D(x_k, y_k)].$$

Wegen

$$|F(x_k, \eta_k) - F(x_k, y_k)| \leq L\,|\eta_k - y_k|$$

und

$$|F(x_k, y_k) - D(x_k, y_k)| \leq M h^p,$$

mit geeigneten Konstanten L und M, erhält man daraus die Abschätzung

$$|g_{k+1}| \leq (1 + hL)|g_k| + Mh^{p+1}$$

und durch Einsetzen mit $g_0 = 0$

$$\begin{aligned} |g_{k+1}| &\leq [(1 + hL)^k + \ldots + (1 + hL) + 1]\, Mh^{p+1} \\ &= \frac{(1 + hL)^{k+1} - 1}{L}\, Mh^p. \end{aligned}$$

Mit $1 + hL \leq e^{hL}$, $k + 1 = m$ und $mh = x - a$ folgt daraus für $g(x)$

$$|g(x)| \leq \frac{e^{(x-a)L} - 1}{L}\, Mh^p.$$

Damit ist Satz 1 bewiesen.

Beispiel 1: Beim **Verfahren von Euler** mit $F = f(x_k, \eta_k)$ ist $p = 1$. Aus der Taylorentwicklung der Lösung $y(x)$ zu den Anfangswerten x_k, η_k folgt nämlich

$$F(x_k, \eta_k) - D(x_k, \eta_k) = \frac{1}{2} y'' h + \ldots .$$

Damit ist $l_k(h) = O(h)$ und nach Satz 1 auch $g_k(h) = O(h)$.

Beispiel 2: Beim **Verfahren von Heun** ist

$$F(x_k, \eta_k) = \frac{1}{2}(f_0 + f_1)$$

mit

$$f_0 := f(x_k, \eta_k),$$

$$f_1 := f(x_k + h,\ \eta_k + hf_0).$$

Das Verfahren hat für jede Differentialgleichung mindestens die Ordnung 2. Man vergleiche dazu Beispiel *3* [1]).

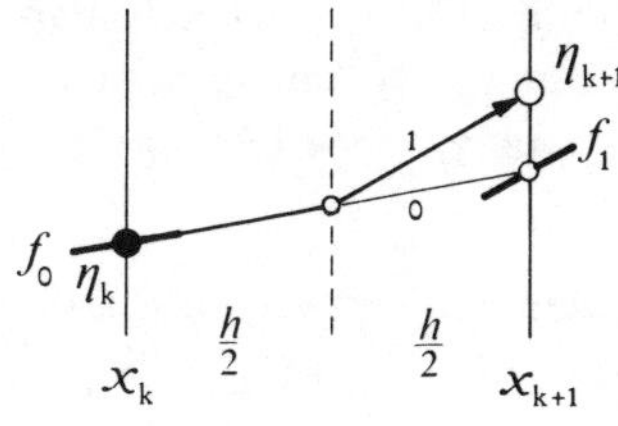

Bild 24.5
Verfahren von Heun

24.3 Die Verfahren von Runge-Kutta

Die Verfahren von Euler und Heun sind Spezialfälle der **Verfahren von Runge-Kutta.** Diese Einschrittverfahren besitzen alle die folgende Form:

---

1) Die kleinen Ziffern in den Abbildungen bezeichnen die Reihenfolge der Konstruktion.

Mit $n+1$ Funktionswerten

$$\begin{aligned} f_0 &:= f(x_k, \eta_k) \\ f_1 &:= f(x_k + \alpha_1 h, \eta_k + \beta_1 h) \\ &\vdots \\ f_n &:= f(x_k + \alpha_n h, \eta_k + \beta_n h) \end{aligned}$$

und

$$\alpha_i = \sum_{j=0}^{i-1} \beta_{i,j}, \quad \beta_i := \sum_{j=0}^{i-1} \beta_{i,j} f_j$$

setzt man

$$F := \gamma_0 f_0 + \gamma_1 f_1 + \ldots + \gamma_n f_n .$$

Die Koeffizienten $\beta_{i,j}$ notiert man zweckmäßig in einem Schema, das man links durch die Spalte der α_i und unten durch die Zeile der γ_j rändert.

$$\begin{array}{c|cccc} 0 & 0 & \cdots & & 0 \\ \alpha_1 & \beta_{1,0} & 0 & \ddots & \vdots \\ \vdots & \vdots & & \ddots & \\ \alpha_n & \beta_{n,0} & \cdots & \beta_{n,n-1} & 0 \\ \hline 1 & \gamma_0 & \cdots & \gamma_{n-1} & \gamma_n \end{array}$$

Die Matrix der $\beta_{i,j}$ ist zweckmäßig nur unterhalb der Hauptdiagonalen von Null verschieden. Das heißt, zur Berechnung von f_i werden nur bereits bekannte f_j für $j = 0,1, \ldots , i-1$ benutzt. Deshalb nennt man diese Runge-Kutta-Verfahren **explizit.**

Die Koeffizienten $\beta_{i,j}$ und γ_j werden bei gegebenem n so bestimmt, daß der lokale Diskretisierungsfehler eine bestimmte Ordnung p annimmt. Dazu entwickelt man die f_i und damit F als Funktionen von h in eine Taylorreihe um x_k, η_k und erhält ein System von nichtlinearen Bedingungsgleichungen für die $\alpha_i, \beta_{i,j}$ und γ_j. Jede Lösung liefert ein spezielles Verfahren.

Beispiel 3: Für $n = 1$ und mit der Lösung $y(x)$ zu den Anfangswerten x_k, η_k lautet die Taylorentwicklung von $F = \gamma_0 f_0 + \gamma_1 f_1$ an der Stelle x_k, η_k

$$\begin{aligned} F &= \gamma_0 f + \gamma_1 \left(f + h\left(\alpha_1 \frac{\partial f}{\partial x} + \beta_{1,0} \frac{\partial f}{\partial y} f\right) + O(h^2)\right) \\ &= (\gamma_0 + \gamma_1)\, y' + h \gamma_1 \alpha_1 y'' + O(h^2), \end{aligned}$$

mit $\alpha_1 = \beta_{1,0}$. Mit der Taylorentwicklung

$$D(x_k, \eta_k) = y' + \frac{1}{2} y'' h + O(h^2)$$

erhält man z.B. aus der Forderung $p = 2$, d.h. $F - D = O(h^2)$ die Bedingungsgleichungen

$$\gamma_0 + \gamma_1 = 1, \quad \gamma_1 \alpha_1 = \frac{1}{2}.$$

Ihre Lösungen stellen eine einparametrige Schar von Runge-Kutta-Verfahren der Mindestordnung 2 dar.

Spezielle Lösungen sind das Verfahren von Heun im Beispiel *2* mit

$$\gamma_0 = \gamma_1 = \frac{1}{2} \quad \text{und} \quad \alpha_1 = \beta_{1,0} = 1,$$

sowie das **Halbschrittverfahren** mit

$$\gamma_0 = 0, \ \gamma_1 = 1 \quad \text{und} \quad \alpha_1 = \beta_{1,0} = \frac{1}{2}.$$

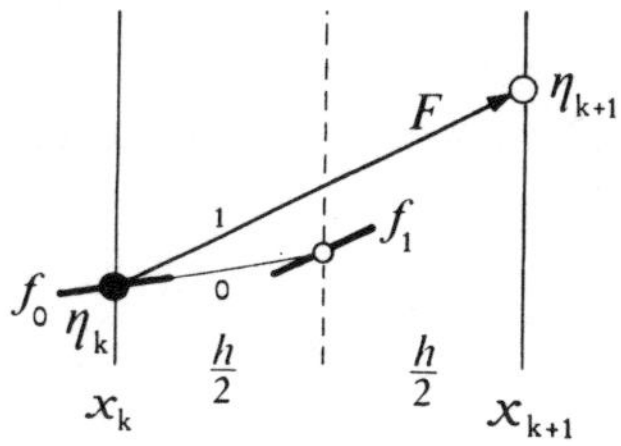

Bild 24.6
Halbschrittverfahren

Beispiel 4: Analog erhält man für $n = 2$ und $p = 3$ die Bedingungen

$$\begin{aligned} \gamma_0 + \gamma_1 + \gamma_2 &= 1 \\ \alpha_1\gamma_1 + \alpha_2\gamma_2 &= \tfrac{1}{2} \\ \alpha_1^2\gamma_1 + \alpha_2^2\gamma_2 &= \tfrac{1}{3} \\ \alpha_1\beta_{2,1}\,\gamma_2 &= \tfrac{1}{6}\,. \end{aligned}$$

Eine spezielle, ebenfalls von Heun angegebene Lösung gibt das Schema

0	0		
$\frac{1}{3}$	$\frac{1}{3}$	0	
$\frac{2}{3}$	0	$\frac{2}{3}$	0
1	$\frac{1}{4}$	0	$\frac{3}{4}$

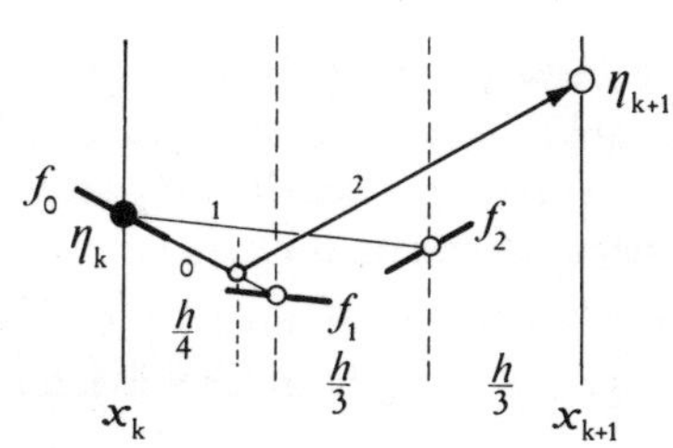

Bild 24.7. Verfahren der Ordnung 3

Beispiel 5: Für Ordnungen p größer als drei werden die Bedingungen recht umfangreich. Es soll hier nur noch das bekannte Verfahren der Ordnung $p = 4$ für $n = 3$ von Runge-Kutta angegeben werden.

0	0			
$\frac{1}{2}$	$\frac{1}{2}$	0		
$\frac{1}{2}$	0	$\frac{1}{2}$	0	
1	0	0	1	0
1	$\frac{1}{6}$	$\frac{1}{3}$	$\frac{1}{3}$	$\frac{1}{6}$

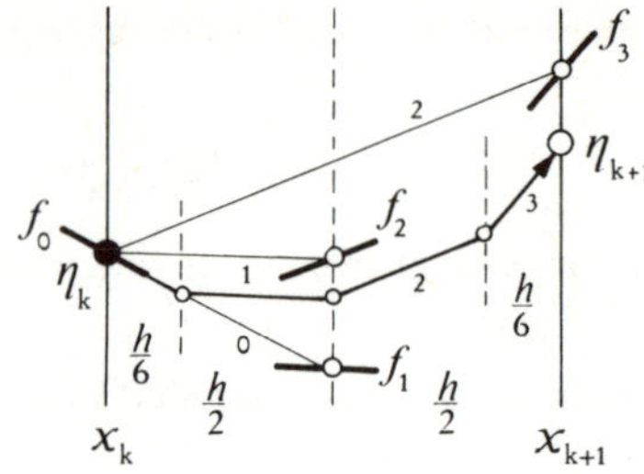

Bild 24.8. Verfahren der Ordnung 4

24.4 Paare von Runge-Kutta-Verfahren

Zur Abschätzung des Diskretisierungsfehlers und zur Steuerung der Schrittweite in **24.5** kann man Paare von Verfahren der Ordnung p und $p + 1$ verwenden, für die sich die Fortschreitungsrichtungen F_p und F_{p+1} einfach berechnen lassen. Solche Paare, nämlich mit übereinstimmenden Elementen $\beta_{i,j}$, haben Sarafyan, England und Fehlberg angegeben. Das folgende Beispiel *6* stammt von Fehlberg.

Beispiel 6: Für $n = 1$, $p = 2$ und $n = 2$, $p = 3$ lauten die Koeffizienten

0	0	
1	1	0
1	$\frac{1}{2}$	$\frac{1}{2}$

0	0		
1	1	0	
$\frac{1}{2}$	$\frac{1}{4}$	$\frac{1}{4}$	0
1	$\frac{1}{6}$	$\frac{1}{6}$	$\frac{2}{3}$.

Das Verfahren der Ordnung 2 ist das des Beispiels *2*.

Für höhere Ordnungen ergeben sich recht umfangreiche Matrizen.

24.5 Schrittweitensteuerung

Der lokale Diskretisierungsfehler kann beim Rechnen mit konstanter Schrittweite sehr stark schwanken. Praktisch brauchbar sind daher nur Verfahren, die mit einer Näherung des lokalen Fehlers die Schrittweite selbständig so steuern, daß der lokale Diskretisierungsfehler annähernd konstant bleibt.

Für den lokalen Diskretisierungsfehler eines Einschrittverfahrens der Ordnung p gilt, falls F_p und f gewisse Regularitätsbedingungen erfüllen, die asymptotische Entwicklung

$$l_k(h) = F_p - D = c_p(x_k)\, h^p + O(h^{p+1}).$$

Der Nachweis soll hier übergangen werden.

Daher gilt für den globalen Fehler e nach einem Integrationsschritt

$$e := h(F_p - D) = c_p(x_k)\, h^{p+1} + O(h^{p+2}).$$

Andererseits aber ist für ein Verfahren der Ordnung $p + 1$

$$F_{p+1} = D + O(h^{p+1}).$$

Durch Elimination von D erhält man für den globalen Fehler

$$e = h(F_p - F_{p+1}) + O(h^{p+2}).$$

Damit hat man eine einfache Möglichkeit zur Schrittweitenbestimmung. In jedem Schritt bestimmt man für eine erste Näherung h_0 von h die Näherung

$$e_0 = h_0(F_p - F_{p+1})$$

und mit dem **zulässigen Fehler** ϵ durch Elimination von c_p die zulässige Schrittweite

$$h_1 = h_0 \sqrt[p+1]{\left|\frac{\epsilon}{e_0}\right|}\,.$$

Das gibt mit einer Vereinfachung der Indizes den folgenden Algorithmus:

Einschrittverfahren mit Schrittweitensteuerung

Gegeben: $y' = f(x, y)$; a, b; y_a; h; Toleranz ϵ;
F_p, F_{p+1} Fortschreitungsrichtungen

Gesucht: $\eta := y(b)$

1 Setze $x := a$, $\eta := y_a$.

2 Falls $x + h \geq b$, setze $h := b - x$,

3 falls $h \leq 0$ = Ende.

4 Bestimme $\boxed{F_p, F_{p+1}}$.

5 Bestimme $e := h\,|F_p - F_{p+1}|$

6 und $h_1 := h \sqrt[p+1]{\frac{\epsilon}{e}}$.

7 Falls $h_1 < h$, setze $h := h_1$,

8 geh nach **4**.

9 Setze $x := x + h$, $\eta := \eta + hF_{p+1}$, $h := h_1$,

10 geh nach **2**.

Man beachte, daß F_p, F_{p+1} von x, η, h und f abhängen.

Bemerkung 1: Bei Systemen von n Differentialgleichungen 1. Ordnung $y' = f(x, y)$ sind η und F n-Spalten und daher ebenso e. Dann setzt man $e := \|e\|_\infty$. Die ungenaueste Koordinate steuert die Schrittweite.

Bemerkung 2: Man kann e_0 auch aus einem Vergleich eines Schrittes der Weite h_0 mit zwei Schritten der Weite $\frac{1}{2} h_0$ näherungsweise bestimmen. Jedoch ist diese Methode sehr viel aufwendiger als die angegebene.

24.6 Aufgaben und Ergänzungen

1. Bei jedem konvergenten und Lipschitz-beschränkten Einschrittverfahren mit stetiger Fortschreitungsrichtung F hat der lokale Diskretisierungsfehler mindestens die Ordnung 1.
2. Man leite die Bedingungsgleichungen des Beispiels *4* her.
3. Das explizite Euler-Verfahren

   $$\eta_{k+1} := \eta_k + hf(x_k, \eta_k)$$

   liefert für $y' = -\lambda y$; $y(0) = 1$, $\lambda > 0$, nur für h mit $|1 - h\lambda| < 1$ gegen Null konvergente Lösungen. Das **implizite Euler-Verfahren**

   $$\eta_{k+1} := \eta_k + hf(x_k, \eta_{k+1})$$

   liefert dagegen für $y' = -\lambda y$; $y(0) = 1$, $\lambda > 0$, für jedes h gegen Null konvergente Lösungen.
4. In der Praxis bestimmt man die neue Schrittweite durch

   $$h_1 := 0.8\, h_0 \sqrt[p+1]{\frac{\epsilon}{|e_0| + \delta}} \quad \text{mit} \quad \delta > 0.$$

   Dadurch werden im Algorithmus zuviele Wiederholungen der Anweisungen **5, 6** und **7** vermieden. Durch $\delta := \epsilon\,(0.08)^{p+1}$ wird die Schrittweite bei kleinen $|e_0|$ höchstens verzehnfacht.

25 Lineare Mehrschrittverfahren für Differentialgleichungen

Bei den Mehrschrittverfahren zur Lösung einer Differentialgleichung erster Ordnung werden im Gegensatz zu den Einschrittverfahren zur Bestimmung von η_{k+n} mehrere vorherige Werte $\eta_k, \dots, \eta_{k+n-1}$ herangezogen. Zu Beginn der Rechnung muß daher die Lösung an n gleichabständigen Stellen näherungsweise bekannt sein.

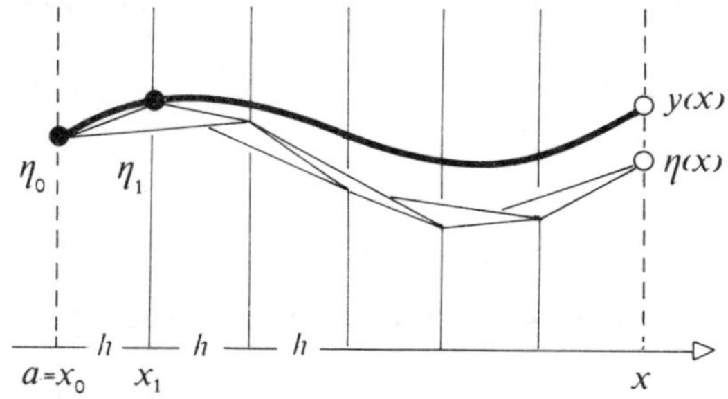

Bild 25.1. Mehrschrittverfahren

25.1 Diskretisierung

Eine naheliegende Möglichkeit zur Diskretisierung der Differentialgleichung $y' = f(x, y)$ über einem gleichabständigen Gitter $x_k := a + k \cdot h$ mit der Schrittweite $h := \dfrac{x-a}{m}$ besteht darin, den Differentialquotienten y' durch einen Differenzenquotienten der Tabelle in **22.1** zu ersetzen.

Zum Beispiel folgt aus der Formel

$$y'_k \approx \frac{1}{2h}(-3y_k + 4y_{k+1} - y_{k+2})$$

für die Punkte η_k einer Näherungslösung der Differentialgleichung $y' = f(x, y)$ die Rekursion

(1) $$\eta_{k+2} - 4\eta_{k+1} + 3\eta_k = -2hf_k, \quad f_k := f(x_k, \eta_k)$$

oder aus der Formel

$$y'_{k+1} = \frac{1}{2h}(y_{k+2} - y_k)$$

die **Mittelpunktsregel**

$$\eta_{k+2} - \eta_k = 2hf_{k+1}.$$

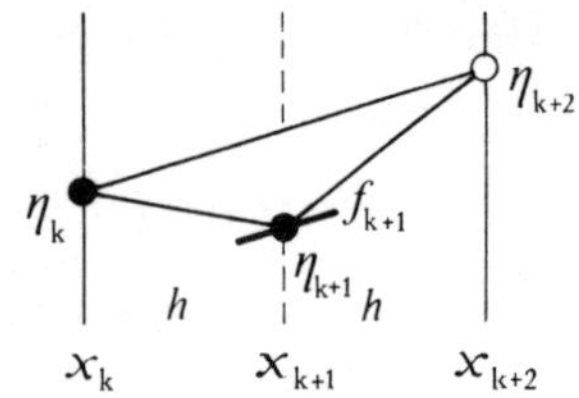

Bild 25.2
Mittelpunktsregel

Eine andere Möglichkeit besteht darin, die Differentialgleichung $y' = f(x, y)$ formal zu integrieren

$$y(x) = y_k + \int_{x_k}^{x} f(t, y(t))\,dt$$

und auf das Integral eine der Formeln aus **22.3** anzuwenden.

Zum Beispiel erhält man so aus der **Sehnentrapezregel** für die Punkte η_k die Rekursion

(2) $$\eta_{k+1} = \eta_k + \frac{h}{2}(f_k + f_{k+1})$$

und aus der Regel von Simpson die **Regel von Milne**

(3) $$\eta_{k+2} = \eta_k + \frac{h}{3}(f_k + 4f_{k+1} + f_{k+2}).$$

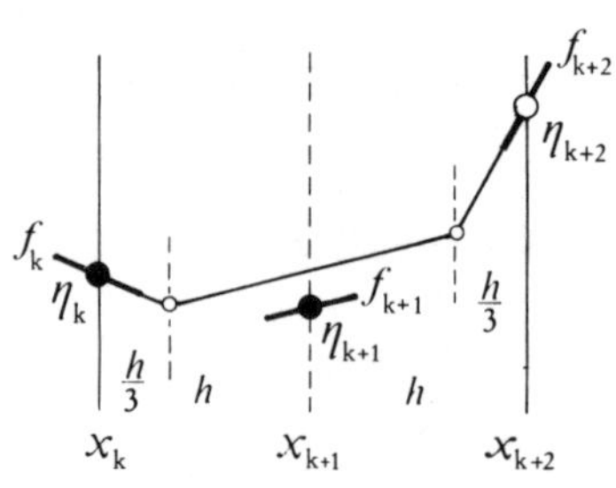

Bild 25.3
Regel von Milne

Allgemein hat die Rekursionsvorschrift eines **linearen Mehrschrittverfahrens** die Form

(4) $$\eta_{k+n} + \alpha_{n-1}\eta_{k+n-1} + \dots + \alpha_0\eta_k = h(\beta_n f_{k+n} + \dots + \beta_0 f_k)$$

mit geeigneten Konstanten α_r, β_r.

Es heißt ***n*-Schrittverfahren,** falls $|\alpha_0| + |\beta_0| \neq 0$ ist. Es heißt **explizit**, falls $\beta_n = 0$ ist, weil dann in den $f(x_{k+r}, \eta_{k+r})$ auf der rechten Seite nur bekannte η_{k+r} auftreten. Die Mittelpunktsregel ist zum Beispiel explizit.

Ist $\beta_n \neq 0$, so heißt das Verfahren **implizit.** Die Regel von Milne ist zum Beispiel implizit.

Nicht alle durch numerische Differentiation oder Integration hergeleiteten Verfahren sind jedoch brauchbar.

25.2. Die Konvergenz eines Mehrschrittverfahrens

In das Konvergenzverhalten eines Mehrschrittverfahrens gehen auch die n **Startwerte** $\eta_0, \eta_1, \ldots, \eta_{n-1}$ ein. Von ihnen wird man daher vernünftigerweise verlangen, daß sie sich bei Verfeinerung des Gitters $x_k = a + kh$ mit $h = \frac{x-a}{m}$ bei festem x und $m \to \infty$ der exakten Lösung nähern.

Ein lineares Mehrschrittverfahren heißt daher **konvergent**, falls für jedes Lipschitz-beschränkte Anfangswertproblem $y' = f(x, y)$ mit $y(a) = y_a$ der berechnete Wert η_m an der Stelle x mit $m \to \infty$ gegen $y(x)$ konvergiert, wenn nur die Startwerte $\eta_0, \ldots, \eta_{n-1}$ gegen y_a konvergieren.

Daß nicht jedes vernünftig erscheinende Verfahren konvergiert, zeigt das folgende

Beispiel 1: Für die Anfangswertaufgabe $y' = 0$ mit $y(0) = 0$ soll mit den fehlerhaften Startwerten $\eta_0 := 0$, $\eta_1 := \frac{\epsilon}{m}$ für $\epsilon > 0$ der Wert $y(1)$ nach (1) berechnet werden. Es ist wegen $f = 0$

$$\eta_{k+2} - 4\eta_{k+1} + 3\eta_k = 0.$$

Durch Induktion erhält man daraus

$$\eta_m = \frac{1}{2}\frac{\epsilon}{m}(3^m - 1).$$

Dieser Wert geht mit $m \to \infty$ ebenfalls gegen Unendlich, nicht aber gegen $y(1) = 0$. Das Verfahren zu (1) ist **nicht konvergent.**

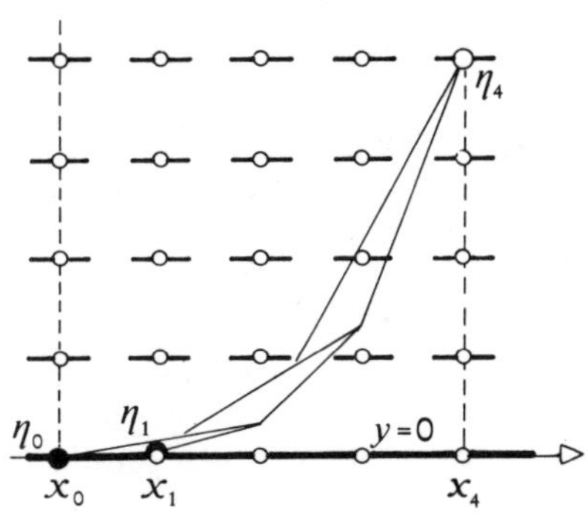

Bild 25.4
Testproblem

25.3 Die Wurzelbedingung

Ganz allgemein benutzt man das Anfangswertproblem

$$y'(x) = 0, \quad y(0) = 0$$

mit Startwerten

$$\eta_0 := \ldots := \eta_{n-2} := 0, \quad \eta_{n-1} := \frac{\epsilon}{m}, \; \epsilon > 0,$$

als **Testproblem** für ein beliebiges lineares Mehrschrittverfahren, um so notwendige Bedingungen für die Konvergenz zu finden.

Für das Testproblem erhält man aus der Vorschrift (4) die Differenzengleichung

$$\eta_{k+n} + \alpha_{n-1}\eta_{k+n-1} + \ldots + \alpha_0 \eta_k = 0.$$

Gesucht wird die Lösungsfolge für die fehlerhaften Startwerte

$$\eta_0 = \ldots = \eta_{n-2} = 0, \qquad \eta_{n-1} = \frac{\epsilon}{m}.$$

Die Differenzengleichung hat das charakteristische Polynom

$$\sigma(\lambda) := \lambda^n + \alpha_{n-1}\lambda^{n-1} + \ldots + \alpha_0 .$$

Man kann nun durch Verfeinerung des Konvergenzbeweises für das Verfahren von Bernoulli aus **16.3** folgenden Satz zeigen:

Satz 1: Es gilt $\lim\limits_{m\to\infty} \eta_m = 0$ genau dann, wenn alle Nullstellen von $\sigma(\lambda)$ mit Betrag 1 einfach sind und die übrigen einen Betrag kleiner als 1 besitzen.

Diese Bedingung an $\sigma(\lambda)$ heißt **Wurzelbedingung.** Der Beweis soll hier nicht gebracht werden. Da $\lim\limits_{m\to\infty} \eta_m$ der Grenzwert der berechneten Lösungen an der Stelle $x = 1$ ist, müssen konvergente Verfahren notwendig die Wurzelbedingung erfüllen.

Beispiel 2: Zum Verfahren des Beispiels *1* gehört $\sigma(\lambda) = \lambda^2 - 4\lambda + 3$ mit den Wurzeln 1 und 3. Das Verfahren ist, wie bereits bemerkt, divergent.

Beispiel 3: Zur Regel von Milne und zur Mittelpunktsregel gehört das Polynom $\sigma(\lambda) = \lambda^2 - 1$ mit den verschiedenen Wurzeln ± 1. Beide Verfahren konvergieren für das Testproblem.

25.4 Hinreichende Konvergenzbedingung

Jedem linearen Mehrschritt-Verfahren ist durch (4) ein **Differenzenoperator** $\mathcal{L}$ zugeordnet, der, auf eine in $[a, b]$ stetig differenzierbare Funktion $g(x)$ angewandt, den Wert

$$\mathcal{L}(g_k, h) := g_{k+n} + \alpha_{n-1} g_{k+n-1} + \ldots + \alpha_0 g_k - h(\beta_n g'_{k+n} + \ldots + \beta_0 g'_k)$$

mit

$$g_{k+r} := g(x_k + rh), \; g'_{k+r} := g'(x_k + rh)$$

besitzt. $\mathcal{L}(g_k, h)$ ist wegen (4) die Differenz des Funktionswertes g_{k+n} und des Wertes η_{k+n}, den das Mehrschrittverfahren aus den Werten g_{k+r}, g'_{k+r}, $r = 0, \ldots, n-1$, für g_{k+n} näherungsweise berechnet. Bei brauchbaren Mehrschrittverfahren sollte $|\mathcal{L}(g_k, h)|$ für beliebige g_k möglichst klein sein.

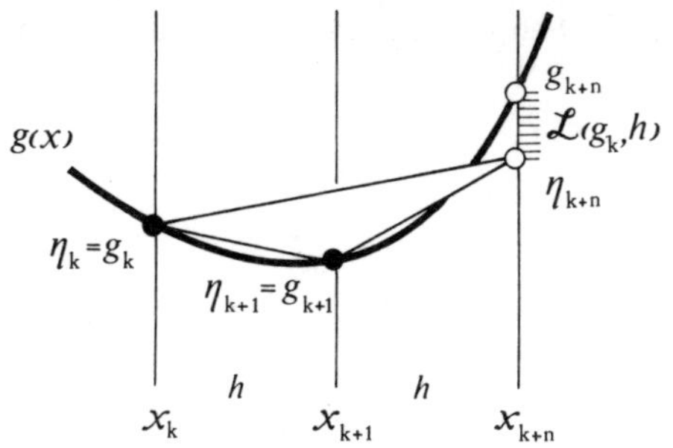

Bild 25.5
Differenzenoperator

Man sagt daher:

Ein lineares Mehrschrittverfahren besitzt mindestens die **Ordnung** p, falls

$$\mathcal{L}(g_k, h) = g_{k+n} - \eta_{k+n} = O(h^{p+1})$$

für jede auf $[a, b]$ stetig differenzierbare Funktion $g(x)$ ist.
Insbesondere muß dann $\mathcal{L}$ $(\mathrm{pol}(x_k), h) = 0$ für jedes Polynom $\mathrm{pol}(x_k)$ vom Höchstgrad p sein. Man kann durch Taylorentwicklung von $\mathcal{L}$ (g_k, h) zeigen, daß dies auch hinreicht. So gilt

Satz 2: Ein lineares Mehrschrittverfahren hat mindestens die Ordnung 1, falls

$$1 + \alpha_{n-1} + \ldots + \alpha_0 = 0$$

und

$$n + (n-1)\alpha_{n-1} + \ldots + \alpha_1 = \beta_n + \ldots + \beta_0$$

ist.

Zum Beweis genügt es, da $\mathcal{L}$ linear in den g_{k+r}, g'_{k+r} ist, $g_k = 1$ und $g_k = x_k$ zu setzen. Man erhält

$$\mathcal{L}(1, h) = \sum_{r=0}^{n} \alpha_r = 0$$

und mit $\alpha_n := 1$

$$\mathcal{L}(x_k, h) = \sum_{r=0}^{n} \alpha_r (x_k + rh) - h \sum_{r=0}^{n} \beta_r = x_k \sum_{r=0}^{n} \alpha_r + h \sum_{r=0}^{n} (r\alpha_r - \beta_r)$$

$$= h \sum_{r=0}^{n} (r\alpha_r - \beta_r) = 0,$$

wie behauptet.

Beispiel 4: Für die Integration mittels der Sehnentrapezregel hat $\mathcal{L}$ die Form

$$\mathcal{L}\,(g_k, h) = g_{k+1} - g_k - \frac{h}{2}\,(g'_{k+1} + g'_k).$$

Es ist $\alpha_1 = 1,\ \alpha_0 = -1,\ \beta_1 = \frac{1}{2},\ \beta_0 = \frac{1}{2}$ und

$$\mathcal{L}\,(1, h) = 1 - 1 = 0,$$

$$\mathcal{L}\,(x_k, h) = (x_k + h) - x_k - \frac{h}{2}\,2 = 0,$$

$$\mathcal{L}\,(x_k^2, h) = (x_k + h)^2 - x_k^2 - \frac{h}{2}\,(2\,(x_k + h) + 2\,x_k) = 0.$$

Aber es ist

$$\mathcal{L}\,(x_k^3, h) = (x_k + h)^3 - x_k^3 - \frac{h}{2}\,(3\,(x_k + h)^2 + 3\,x_k^2) = -\frac{1}{2}\,h^3 \neq 0.$$

Das Verfahren (2) hat also die Ordnung 2.

Über die **Konvergenz** eines linearen Mehrschrittverfahrens gilt der folgende grundlegende Satz:

Satz 3: Ein lineares Mehrschrittverfahren ist genau dann konvergent, wenn es mindestens von erster Ordnung ist und die Wurzelbedingung erfüllt.

Der Beweis kann hier nicht gebracht werden.

Bemerkung 1: Zur Herleitung eines linearen Mehrschrittverfahrens kann man versuchen, die α_r und β_r in (4) so zu wählen, daß die Ordnung p möglichst groß wird, d.h., daß $\mathcal{L}$ (pol$(x_k), h)$ für alle Polynome vom Grad $\leq p$ verschwindet. Das gibt ein lineares Gleichungssystem für die α_r, β_r. Allerdings muß zusätzlich die Wurzelbedingung erfüllt sein. Man vergleiche dazu Aufgabe 4.

25.5 Die Anlaufrechnung

Zur Beschaffung der n Startwerte $\eta_0, \ldots, \eta_{n-1}$ für ein lineares n-Schritt-Verfahren aus dem Anfangswert η_0 und der Differentialgleichung $y' = f(x, y)$ wird in der Regel ein Einschrittverfahren **24** benutzt, dessen Ordnung mindestens so groß ist wie die des Mehrschrittverfahrens.

Die Schrittweite bei der Berechnung von $\eta_1, \ldots, \eta_{n-1}$, der sogenannten **Anlaufrechnung,** darf nicht zu groß oder wegen der Rundungsfehler nicht zu klein gewählt werden, da sonst die verfälschten Startwerte die Genauigkeit der weiteren Rechnung stören. Die Startschrittweite kann nach den Methoden von **24.5** optimal gewählt werden.

25.6 Prediktor-Korrektor Verfahren

In der Praxis sind implizite Mehrschrittverfahren vorzuziehen, weil sie bei gleicher Genauigkeit die Benutzung wesentlich größerer Schrittweiten erlauben.

Dazu muß in jedem Schritt eine nichtlineare Gleichung (4) in der Form

$$\eta_{k+n} = h \sum_{r=0}^{n} \beta_r f_{k+r} - \sum_{r=0}^{n-1} \alpha_r \eta_{k+r} =: P(\eta_{k+n}),$$

bei der auch f_{k+n} von η_{k+n} abhängt, gelöst werden. Das macht man iterativ:

Ein Startwert $\eta_{k+n}^{(0)}$ wird durch ein explizites lineares Mehrschrittverfahren, den sogenannten **Prediktor**, bestimmt. Dieser Wert wird durch die Iterationsvorschrift, den sogenannten **Korrektor**

(5) $$\eta_{k+n}^{(i+1)} := P(\eta_{k+n}^{(i)}),$$

des impliziten Verfahrens verbessert.

Man wendet lineare Mehrschrittverfahren also paarweise an. Die Ordnung des expliziten Prediktors soll dabei höchstens um 1 kleiner als die des impliziten Korrektors sein. In diesem Fall reicht im allgemeinen ein Iterationsschritt aus.

Bemerkung 2: Hinreichend für die Konvergenz der Iteration (5) ist nach dem Fixpunktsatz aus **13.1**, daß P eine kontrahierende Abbildung ist. Wegen

$$|P(\eta) - P(\zeta)| = |h\beta_n (f(x_k, \eta) - f(x_k, \zeta))| \le h|\beta_n| L |\eta - \zeta|$$

ist das aber für genügend kleine h der Fall.

Beispiel 5: Durch Verwendung der **Treppenregel** $F = h f_k$ und der Sehnentrapezregel erhält man den

Prediktor $\eta_{k+1}^{(0)} := \eta_k + h f_k$ der Ordnung $p = 1$ und den

Korrektor $\eta_{k+1}^{(1)} := \eta_k + \frac{h}{2}(f_k + f_{k+1})$ der Ordnung $p = 2$.

Das zugehörige Verfahren ist das Verfahren von Heun im Beispiel *2* von **24.2**.

Beispiel 6: Durch Verwendung der Regel $F = \frac{h}{12}(5f_k - 16f_{k+1} + 23f_{k+2})$ für ein überhängendes Intervall **22.3** und der Regel von Simpson erhält man den

Prediktor $\eta_{k+3}^{(0)} := \eta_{k+2} + \frac{h}{12}(5f_k - 16f_{k+1} + 23f_{k+2})$,

er hat die Ordnung $p = 3$, und die Regel von Milne als

Korrektor $\eta_{k+3}^{(1)} := \eta_{k+1} + \frac{h}{3}(f_{k+1} + 4f_{k+2} + f_{k+3})$,

er hat die Ordnung $p = 4$.

Bemerkung 3: In der Praxis bevorzugt man jedoch Verfahren höherer Ordnung.

25.7 Die Schrittweitensteuerung

Zur Bemessung der Schrittweite benutzt man auch bei Mehrschrittverfahren eine Näherung für den Diskretisierungsfehler nach einem Schritt. Unter bestimmten Regularitätsvoraussetzungen besitzt der Fehler $e = \mathcal{L}\,(y_k, h)$ die asymptotische Entwicklung

$$\mathcal{L}(y_k, h) = c_{p+1}\, h^{p+1} + O(h^{p+2}).$$

Ähnlich wie in **24.5** läßt er sich näherungsweise aus der Differenz des Prediktors und des Korrektors an der Stelle x_{k+n} ermitteln.

Mit dem Prediktor $\eta_{k+3}^{(0)} := \eta_{k-1} + \frac{4h}{3}(2f_k - f_{k+1} + 2f_{k+2})$ und dem Korrektor des Beispiels *6* (Verfahren von Milne) wird z.B.

$$e = \mathcal{L}\,(y_k, h) = -\frac{1}{29}(\eta_{k+3}^{(1)} - \eta_{k+3}^{(0)}) + O(h^5).$$

Soll $|e|$ einen vorgeschriebenen Wert $\epsilon > 0$ nicht überschreiten, so kann man h ähnlich wie bei Einschrittverfahren steuern. Durch Elimination von c_{p+1} folgt für die Schrittweite h_1 zum Fehler ϵ

$$h_1 := h\sqrt[4]{\left|\frac{\epsilon}{e}\right|}.$$

Beispiel 7: Für die Anlaufrechnung des Mehrschrittverfahrens von Beispiel *6* empfiehlt sich das Einschrittverfahren der Ordnung 3 aus **24.3.** Mit ihm bestimmt man mit einer geeigneten Schrittweite h = fest die Näherungen η_1, η_2. Dann bestimmt man mit Hilfe der Differentialgleichung f_0, f_1 und f_2. Damit kann das Mehrschrittverfahren gestartet werden. Man bestimmt für die Stelle $x_3 := a + 3h$ nacheinander

$$\eta_3^{(0)}, f_3^{(0)} := f(x_3, \eta_3^{(0)}),\ \eta_3^{(1)} \quad \text{und} \quad f_3 := f(x_3, \eta_3^{(1)}),$$

dann für x_4: $\eta_4^{(0)}, \ldots, f_4$, usf. Ist schließlich $x_{k+2} + h > b$, so bestimmt man $\eta(b)$ wieder mit dem Einschrittverfahren und den Anfangswerten x_{k+2}, η_{k+2} mit $h = b - x_{k+2}$.

Die Steuerung der Schrittweiten ist umständlicher als beim Einschrittverfahren in **24.5.** Um die bereits berechneten Werte η_k und f_k weiterverwenden zu können, kommt nur eine **Verdopplung** oder eine **Halbierung** der Schrittweite in Frage.

Verdopplung: Vor der Berechnung von η_{k+3} durch das Mehrschrittverfahren setzt man

$$x_{k+1} := x_k,\ \eta_{k+1} := \eta_k,\ f_{k+1} := f_k,$$
$$x_k := x_{k-2},\ \eta_k := \eta_{k-2},\ f_k := f_{k-2}$$

und $h := 2h$. Dann bestimmt man η_{k+3} usf. Eine Verdopplung darf, damit die benötigten Werte zur Verfügung stehen, in dieser Form nur nach zwei gewöhnlichen Schritten mit fester Schrittweite durchgeführt werden.

Halbierung: Vor der Berechnung von η_{k+3} durch das Mehrschrittverfahren setzt man

$$x_k := x_{k+1},\ \eta_k := \eta_{k+1},\ f_k := f_{k+1}$$

und $h := \frac{1}{2} h$, bestimmt η_{k+1} mit dem Einschrittverfahren und dann f_{k+1} mit Hilfe der Differentialgleichung neu. Dann bestimmt man η_{k+3} durch das Mehrschrittverfahren usf. Halbierungen dürfen wiederholt vorgenommen werden.

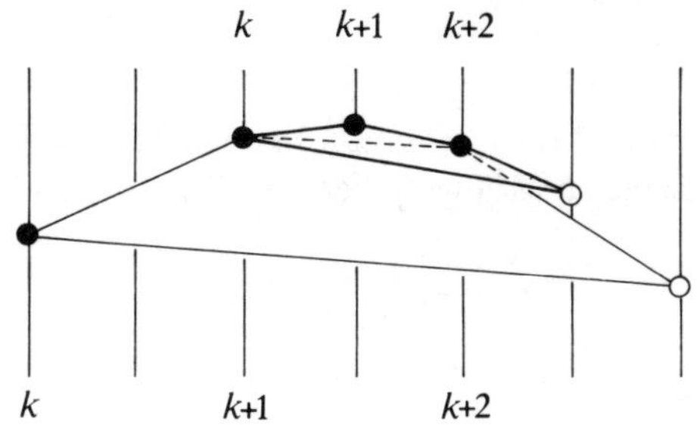

Bild 25.6
Schrittweitensteuerung

25.8 Vergleich von Einschritt- und Mehrschrittverfahren

Obwohl in **25.7** keineswegs ein optimaler Algorithmus beschrieben wurde, ist der wesentliche Nachteil von Mehrschrittverfahren klar erkennbar: Sie sind im Hinblick auf Schrittweitenänderungen schwerfällig. Zur Vergrößerung der Schrittweite kommt lediglich Verdoppeln in Frage, zur Verkleinerung müssen Zwischenwerte mit einem Einschrittverfahren berechnet werden.

Bei einigermaßen ruhigem Funktionsverlauf kommen aber nur relativ wenige Schrittweitenänderungen vor. Dann sind die Mehrschrittverfahren zu bevorzugen, da für jeden Schritt nur zweimal $y' = f(x, y)$ ausgewertet werden muß.

25.9 Aufgaben und Ergänzungen

1. Bei den durch numerische Integration über das Intervall $[x_{n-q}, x_n]$ hergeleiteten Verfahren besitzt das Polynom $\sigma(\lambda)$ die Form

$$\sigma(\lambda) = \lambda^n - \lambda^{n-q}.$$

   Diese Verfahren erfüllen daher die Wurzelbedingung.

2. Alle durch numerische Differentiation oder Integration hergeleiteten Verfahren besitzen eine Ordnung größer als 1.

3. Die Regel von Milne ist von 4. Ordnung.

4. Für ein Mehrschrittverfahren der Ordnung p folgt aus $\mathcal{L}(x_k^s, h) = 0$ analog **25.4**

$$\sum_{r=0}^{n} (r^s \alpha_r - s r^{s-1} \beta_r) = 0, \qquad s = 0, 1, \dots, p.$$

   Das sind $p+1$ lineare Bedingungen für die α_r, β_r.

5. Eine Differentialgleichung heißt **stabil,** falls für genügend dicht beieinanderliegende Anfangswerte die Differenz der Lösungskurven durch diese Anfangswerte für $x \to \infty$ gegen Null konvergiert.
6. Der Prototyp einer stabilen Differentialgleichung ist

$$y' = -\lambda y \quad \text{für} \quad \lambda > 0.$$

7. Einige lineare Mehrschrittverfahren sind zur Integration stabiler Differentialgleichungen ungeeignet, da die numerische Lösung zu oszillieren beginnt. Dies ist zum Beispiel bei der Regel von Milne der Fall.

26 Die Methoden von Ritz und Galerkin

Viele physikalische und technische Probleme werden durch Funktionale oder Differentialgleichungen beschrieben. Bei der praktischen Lösung dieser Probleme sind die Methoden von Ritz und Galerkin von besonderer Bedeutung.

26.1 Das Prinzip der minimalen Energie

Eine Reihe von Problemen der mathematischen Physik führt auf die Bestimmung einer Funktion u, die – unter gewissen Randbedingungen – die **Gesamtenergie** eines Systems minimiert. Diese Energie wird i.a. durch ein in der gesuchten Funktion u und ihren Ableitungen quadratisches Funktional

$$\mathcal{I}[u] = \int_G \left(\frac{1}{2} q(u, u) - l(u)\right)$$

beschrieben, wobei über ein Gebiet G, das die „Ausdehnung" des Systems beschreibt, zu integrieren ist.

Mit der Zusammenfassung der auftretenden gewöhnlichen bzw. partiellen Ableitungen von u zu einer Spalte, z.B.

$$\boldsymbol{u} = [u, u', u'']^T$$

oder

$$\boldsymbol{u} = [u_x, u_y, u_{xy}]^T, \text{etc.}$$

ist in Matrixschreibweise $q(u, u) = \boldsymbol{u}^T Q \boldsymbol{u}$ mit symmetrischer Matrix Q und $l(u) = \boldsymbol{u}^T \boldsymbol{l}$ mit einer Spalte $\boldsymbol{l}$.

Beispiel 1: Unter gewissen Vernachlässigungen wird die Energie eines zwischen zwei Punkten $x = 0$ und $x = l$ aufgehängten und durch $f = f(x)$ belasteten Seils durch

$$I[u] = \frac{1}{2} \int_0^l (u')^2 \, dx - \int_0^l f \cdot u \, dx$$

beschrieben. Dabei ist $u(x)$ die Mittellinie des Seils wie in Bild 26.1.

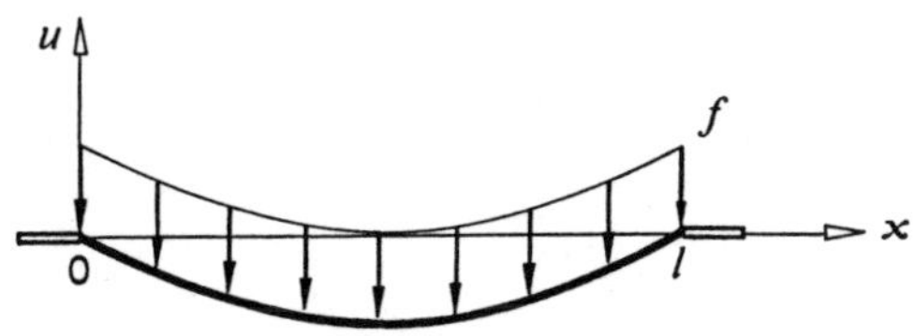

Bild 26.1 Belastetes Seil

Beispiel 2: Unter ähnlichen Vernachlässigungen wird die Energie einer zwischen zwei gegenüberliegenden Seiten $x = 0$ und $x = l$ aufgehängten und durch $f = f(x, y)$ belasteten Membran durch

$$I[u] = \frac{1}{2} \int_0^l \int_0^b (u_x^2 + u_y^2) \, dy \, dx - \int_0^l \int_0^b f \cdot u \, dy \, dx$$

beschrieben. Dabei ist $u(x, y)$ die Mittenfläche der Membran.

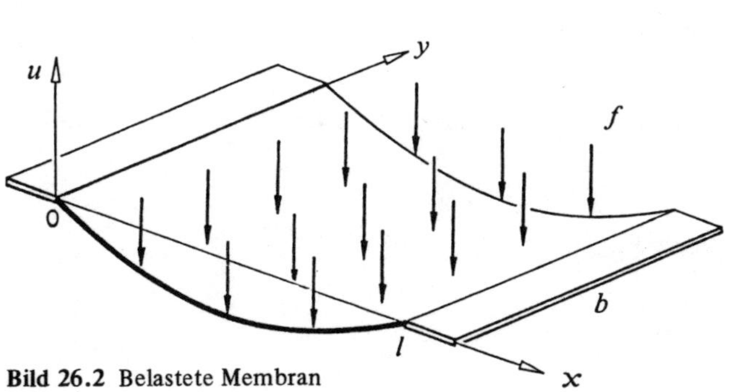

Bild 26.2 Belastete Membran

26.2 Die Methode von Ritz

Für die näherungsweise numerische Lösung des Energieproblems macht man einen nach Ritz benannten Ansatz

$$v = c_1 v_1 + c_2 v_2 + \ldots + c_n v_n$$

mit linear unabhängiger **Versuchs-** oder **Ansatzfunktionen** v_i, die die physikalischen und technischen Anforderungen erfüllen, d.h. „zulüssig“ sind. Setzt man v in das Funktional I ein, so erhält man

$$I[v] = \sum_{i,j} c_i c_j \frac{1}{2} \int_G q(v_i, v_j) - \sum_i c_i \int_G l(v_i)$$

oder in Matrixschreibweise

$$I[v] = \frac{1}{2}[c_1, \dots, c_n] \begin{bmatrix} \int_G q(v_1, v_1) & \dots & \int_G q(v_1, v_n) \\ \vdots & & \vdots \\ \int_G q(v_n, v_1) & \dots & \int_G q(v_n, v_n) \end{bmatrix} \begin{bmatrix} c_1 \\ \vdots \\ c_n \end{bmatrix} - [c_1, \dots, c_n] \begin{bmatrix} \int_G l(v_1) \\ \vdots \\ \int_G l(v_n) \end{bmatrix}$$

Dies ist eine in den Koeffizienten c_i quadratische Form

$$I(c) = \frac{1}{2} c^T A c - c^T \boldsymbol{a}.$$

Da der Ausdruck $\frac{1}{2}\, c^T \boldsymbol{A c}$ eine Energie beschreibt, ist A nicht nur symmetrisch, sondern auch positiv definit, wenn die Versuchsfunktionen v_i den Randbedingungen genügen. Also nimmt die quadratische Form $I(c)$ nach **8.3** ihr Minimum in der Lösung des linearen Gleichungssystems

$$\boldsymbol{Ac} - \boldsymbol{a} = \boldsymbol{o}$$

an. Diese Gleichungen heißen **Ritzsche Gleichungen**, ihre Lösung bestimmt die Näherung v von u.

Beispiel 3: Mit dem Ansatz

$$v = c_1 v_1 + c_2 v_2 + \dots + c_n v_n$$

für das belastete Seil des Beispiels 1 erhält man für die Koeffizienten $a_{i,j}$ und a_i der Ritzschen Gleichungen

$$a_{i,j} = \int_G q(v_i, v_j) = \int_0^l v_i' v_j' \,\mathrm{d}x ,$$

$$a_i = \int_G l(v_i) = \int_0^l f \cdot v_i \,\mathrm{d}x .$$

Damit die v_i zulässig sind, müssen sie mindestens stückweise linear sein, und es soll $v_i(0) = v_i(l) = 0$ sein.

Beispiel 4: Mit dem Ansatz

$$v = c_1 v_1 + c_2 v_2 + \dots + c_n v_n$$

für die belastete Membran des Beispiels 2 erhält man für die Koeffizienten der Ritzschen Gleichungen

$$a_{i,j} = \int_0^l \int_0^b \left(\frac{\partial v_i}{\partial x} \frac{\partial v_j}{\partial x} + \frac{\partial v_i}{\partial y} \frac{\partial v_j}{\partial y} \right) \mathrm{d}y \, \mathrm{d}x \, ,$$

$$a_i = \int_0^l \int_0^b f \cdot v_i \, \mathrm{d}y \, \mathrm{d}x \, .$$

26.3 Die Methode von Galerkin

Häufig führen Probleme der technischen Physik auf Differentialgleichungen

$$\mathcal{D}[u] = f$$

in einem Gebiet G mit gewissen Randbedingungen. $\mathcal{D}$ kann ein beliebiger Differentialoperator sein. Hier führt ein Ansatz

$$v = c_1 v_1 + c_2 v_2 + \dots + c_n v_n$$

für u mit linear unabhängigen Versuchsfunktionen v_i auf ein Residuum

$$\rho = \mathcal{D}[v] - f \, .$$

Zur Bestimmung der Koeffizienten c_j verlangt man einer Idee Galerkins folgend, daß das mit den v_i gewichtete Residuum ρ im Mittel verschwindet, d.h. daß gilt

$$\int_G \rho \cdot v_i = \int_G (\mathcal{D}[c_1 v_1 + \dots + c_n v_n] - f) \, v_i = 0, \quad i = 1, \dots, n \, .$$

Diese Bestimmungsgleichungen für die c_j heißen Galerkinsche Gleichungen.

Bemerkung 1: Die Galerkinschen Gleichungen sind i.a. nicht linear. Im Falle eines linearen Differentialoperators $\mathcal{L}$ jedoch haben sie die Gestalt

$$\sum_j c_j \int_G \mathcal{L}[v_j] v_i - \int_G f \cdot v_i = 0, \quad i = 1, \dots, n \, ,$$

oder in Matrixschreibweise

$$\begin{bmatrix} \int_G \mathcal{L}[v_1] v_1 & \dots & \int_G \mathcal{L}[v_n] v_1 \\ \vdots & & \vdots \\ \int_G \mathcal{L}[v_1] v_n & \dots & \int_G \mathcal{L}[v_n] v_n \end{bmatrix} \begin{bmatrix} c_1 \\ \vdots \\ c_n \end{bmatrix} = \begin{bmatrix} \int_G f \cdot v_1 \\ \vdots \\ \int_G f \cdot v_n \end{bmatrix} .$$

Ist insbesondere $\mathscr{L}$ (unter Beachtung der Randbedingungen) in G

- symmetrisch: $\int\limits_G \mathscr{L}[u]\,v = \int\limits_G \mathscr{L}[v]\,u$ für alle u, v
- und positiv definit: $\int\limits_G \mathscr{L}[u]\,u > 0$ für $u \neq 0$,

so ist auch die Matrix A der $a_{i,j} = \int\limits_G \mathscr{L}[v_j]\,v_i$ symmetrisch und positiv definit.

Wie in diesem Fall ein Vergleich mit den Ritzschen Gleichungen zeigt, minimiert unter allen Linearkombinationen der v_i die zugehörige Lösung v das Integral

$$\mathscr{I}[v] = \frac{1}{2} \int\limits_G \mathscr{L}[v]\,v - \int\limits_G f v\,.$$

Beispiel 5: Die Auslenkung $u(x)$ des an den Enden $x = 0$ und $x = l$ eingespannten belasteten Seils aus Beispiel 1 genügt der linearen Differentialgleichung

$$\mathscr{L}[u] = -u'' = f \quad \text{mit} \quad u(0) = u(l) = 0\,.$$

Ein linearer Ansatz

$$v = c_1 v_1 + c_2 v_2 + \ldots + c_n v_n$$

führt auf die Koeffizienten

$$a_{i,j} = \int\limits_0^l -v_j'' v_i \,\mathrm{d}x\,, \quad a_i = \int\limits_0^l f v_i \,\mathrm{d}x$$

der Galerkinschen Gleichungen. Diese Gleichungen stimmen mit den Ritzschen Gleichungen für das Integral

$$\mathscr{I}[v] = \frac{1}{2} \int\limits_0^l (-v'' v)\,\mathrm{d}x - \int\limits_0^l f v \,\mathrm{d}x$$

überein.

Beispiel 6: Die Auslenkung der belasteten Membran des Beispiels 2 genügt der Poissonschen Differentialgleichung

$$\mathscr{L}[u] = -u_{xx} - u_{yy} = f\,, \quad u(0, y) = u(l, y) = 0\,.$$

Man erhält für die Koeffizienten der Galerkinschen Gleichungen

$$a_{i,j} = \int\limits_0^l \int\limits_0^b \left(-\frac{\partial^2 v_j}{\partial x^2} - \frac{\partial^2 v_j}{\partial y^2} \right) v_i \,\mathrm{d}y\,\mathrm{d}x\,, \quad a_i = \int\limits_0^l \int\limits_0^b f \cdot v_i \,\mathrm{d}y\,\mathrm{d}x\,.$$

26.4 Zusammenhang

Den Zusammenhang zwischen den Methoden von Ritz und Galerkin liefert im Falle eines linearen Differentialoperators $\mathscr{L}$ und eines Energie-Integrals

$$\mathscr{I}[u] = \frac{1}{2} \int_G \mathscr{L}[u]u - \int_G f \cdot u$$

unter Beachtung der Randbedingungen der folgende

Satz: Ist $\mathscr{L}$ in G symmetrisch und positiv definit, so ist die Funktion v genau dann Lösung von $\mathscr{L}[u] = f$ in G, wenn das Funktional $I[u] = \frac{1}{2} \int_G \mathscr{L}[u]u - \int_G f \cdot u$ in v ein Minimum annimmt.

Der Beweis ist einfach: Mit einer beliebigen Funktion h und $\epsilon \in IR$ ist

$$\mathscr{I}[v + \epsilon h] = \int_G \left(\frac{1}{2}\mathscr{L}[v + \epsilon h] - f\right) \cdot (v + \epsilon h)$$

$$= I[v] + \epsilon \int_G (\mathscr{L}[v] - f)\, h + \epsilon^2 \frac{1}{2} \int_G \mathscr{L}[h]\, h \,.$$

Ist I minimal in v, so verschwindet die sogenannte erste Variante von I

$$\partial \mathscr{I} = \frac{\mathrm{d}}{\mathrm{d}\epsilon} \mathscr{I}[v + \epsilon h]\Big|_{\epsilon = 0} = \int_G (\mathscr{L}[v] - f)h = 0$$

für alle möglichen h. Es folgt $\mathscr{L}[v] - f = 0$.
Ist umgekehrt v Lösung von $\mathscr{L}[v] - f = 0$, so ist

$$\mathscr{I}[v + \epsilon h] = \mathscr{I}[v] + \epsilon^2 \frac{1}{2} \int_G \mathscr{L}[h]h \geq \mathscr{I}[v] \quad \text{für alle } h \,,$$

weil $\mathscr{L}$ positiv definit ist, also ist $\mathscr{I}$ minimal in v.

26.5 Aufgaben und Ergänzungen

1. Man erhält in Analogie zu **9.6** mit dem Skalarprodukt

$$(u, v) = \int_G u \cdot v$$

die Galerkinschen Gleichungen auch aus der Forderung, daß das Residuum ρ „orthogonal" zu jedem der v_j sein soll.

2. Durch partielle Integration kann unter Beachtung der Randbedingungen das Energie-Integral des Beispiels 5 in die Form des Integrals des Beispiels 1 überführt werden.
3. Analog kann mittels der Formel von Green das zu Beispiel 6 gehörige Energie-Integral in die Form des Beispiels 2 überführt werden.
4. Analog zu $\boldsymbol{u}$ in **26.1** kann man auch v_j und seine Ableitungen zu einer Spalte $\boldsymbol{v}_j$ und die $\boldsymbol{v}_j$ zu einer Matrix $V = [\boldsymbol{v}_1, \dots, \boldsymbol{v}_n]$ zusammenfassen. Im allgemeinen ist V eine breite Matrix. Damit ist dann

$$A = \int_G V^T Q V \quad \text{und} \quad \boldsymbol{a} = \int_G V \boldsymbol{l} .$$

5. In den üblichen Bezeichnungen der Strukturmechaniker heißt Q Elastizitätsmatrix, V Formänderungsmatrix und $\boldsymbol{a}$ Ladungsvektor.
6. Bei Schwingungsproblemen führt ein Ritzscher Ansatz auf eine allgemeine Eigenwertaufgabe

$$A\boldsymbol{c} = \lambda B \boldsymbol{c} .$$

7. Um das Minimum eines allgemeinen, nicht quadratischen Funktionals numerisch zu bestimmen, verwendet man ebenfalls einen Ritzschen Ansatz. Die Koeffizienten c_i bestimmt man aus

$$\frac{\partial I}{\partial c_i} = 0 , \quad i = 1, \dots, n .$$

Im quadratischen Fall sind dies die linearen Ritzschen Gleichungen $A\boldsymbol{c} - \boldsymbol{a} = \boldsymbol{o}$.

27 Die Methode der finiten Elemente

Bei den Methoden von Ritz und Galerkin kommt der geeigneten Wahl der Versuchsfunktion v eine besondere Bedeutung zu. Aus numerischen Gründen sind die finiten Elemente besonders geeignet. Sie gestatten die einheitliche Beschreibung von Systemen unterschiedlichster Ausdehnung G.

27.1 Finite Elemente

Die Methode der finiten Elemente beruht auf drei grundlegenden Ideen:

(1) Der Zerlegung des Integrationsgebietes G in Teilgebiete $\underset{k}{G}$.

(2) Der Zerlegung der Versuchsfunktionen v_i in Segmente (Elemente) $\underset{k}{v_i}$ über $\underset{k}{G}$.

(3) Der Wahl solcher v_i, die einen möglichst kleinen Träger besitzen, d.h. in möglichst vielen $\underset{k}{G}$ verschwinden.

Eigenschaft (1) gestattet die Bestimmung der Koeffizienten $a_{i,j}$ und a_i der Ritzschen Gleichungen durch elementweise Integration

$$\underset{k}{a_{i,j}} = \int_{\underset{k}{G}} q(v_i, v_j), \quad \underset{k}{a_i} = \int_{\underset{k}{G}} f \cdot v_i$$

und anschließende Summation

$$a_{i,j} = \sum_k \underset{k}{a_{i,j}}, \qquad a_i = \sum_k \underset{k}{a_i}$$

Eigenschaft (2) gestattet umgekehrt auch das Zusammensetzen der v_i aus geeigneten Segmenten $\underset{k}{v_i}$.

Wegen der Eigenschaft (3) verschwinden viele $\underset{k}{a_{i,j}}$, nämlich die, für die $\underset{k}{G}$ nicht zum Träger von v_i oder nicht zum Träger von v_j gehört. Sind die Träger von v_i und v_j disjunkt, so ist daher sogar $a_{i,j} = 0$.

27.2 Univariate Splines

Als Versuchsfunktionen v_i über regelmäßigen Unterteilungen von G sind insbesondere B-Splines $N_i^n(x)$ geeignet. Ihre Linearkombination

$$s(x) = \sum_i \mathrm{d}_i N_i^n(x)$$

ist ein Spline. Da die Ableitung eines B-Splines vom Grad n ein Spline vom Grad $n-1$ ist, sind auch B-Splines vom Grad 0 von Bedeutung.

Der **konstante B-Spline** $N_i^0(x)$ besitzt den Träger $(i, i+1)$ und hat dort den Wert 1.

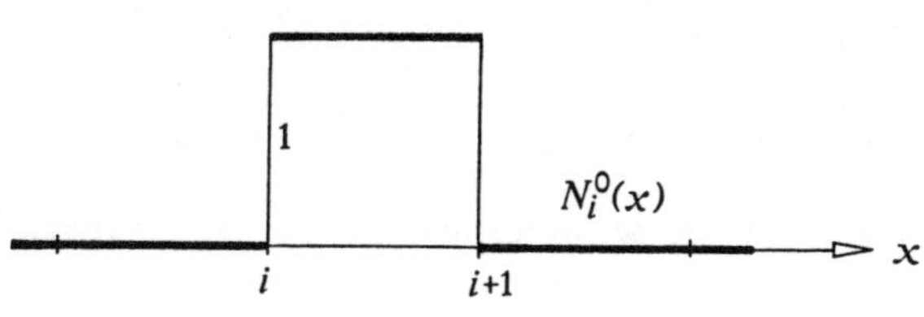

Bild 27.1 Konstanter B-Spline

Die Linearkombination dieser B-Splines ist eine Treppenfunktion; ihre geeignet definierte Ableitung verschwindet überall.

Der **lineare B-Spline** $N_i^1(x)$ besitzt den Träger $(i, i+2)$, ist stückweise linear und nimmt in $i+1$ den Wert 1 an. Er hat die Bézierordinaten $\ldots, 0, 1, 0, \ldots$.

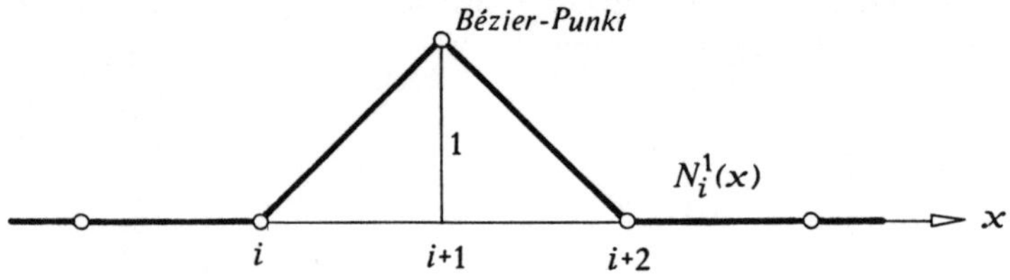

Bild 27.2 Linearer B-Spline

Die Linearkombination ist stückweise linear und stetig, sie stimmt mit ihrem Bézierpolygon überein. Die erste Ableitung eines linearen B-Splines ist ein stückweise konstanter Spline:

$$\frac{\mathrm{d}}{\mathrm{d}x} N_i^1(x) = N_i^0(x) - N_{i+1}^0(x) .$$

Der **quadratische B-Spline** $N_i^2(x)$ besitzt den Träger $(i, i+3)$, ist stückweise quadratisch und hat die Bézierordinaten $\ldots, 0, \frac{1}{2}, 1, \frac{1}{2}, 0, \ldots$.

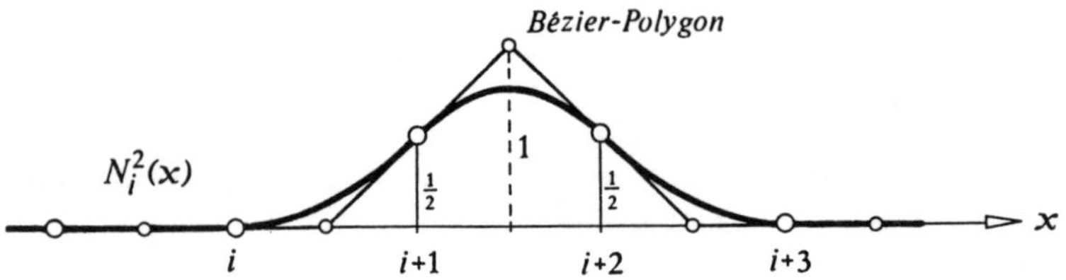

Bild 27.3 Quadratische B-Spline

Die Linearkombination ist stückweise quadratisch und differenzierbar. Die erste Ableitung eines quadratischen B-Splines ist ein linearer Spline

$$\frac{\mathrm{d}}{\mathrm{d}x} N_i^2(x) = N_i^1(x) - N_{i+1}^1(x) ,$$

die zweite Ableitung ist eine Treppenfunktion

$$\frac{\mathrm{d}^2}{\mathrm{d}x^2} N_i^2(x) = N_i^0(x) - 2\, N_{i+1}^0(x) + N_{i+2}^0(x) .$$

Der **kubische B-Spline** $N_i^3(x)$ wurde unter der Bezeichnung $N_{i+2}(x)$ bereits in **21.3** vorgestellt.

Bemerkung 1: Die Bézierordinaten eines Splines sind die Linearkombinationen der Bézierordinaten der B-Splines, d.h. Linearkombination und segmentweise Entwicklung nach Bernsteinpolynomen (vgl. **20.2**) sind vertauschbar.

27.3 Bivariate Splines

B-Splines über rechteckigen Unterteilungen $x = i$, $y = j$ der xy-Ebene sind Produkte von B-Splines in x und in y

$$N_{i,j}^{n,m}(x, y) = N_i^n(x) N_j^m(y) .$$

Linearkombinationen

$$s(x, y) = \sum_{i,j} \mathrm{d}_{i,j} N_{i,j}^{n,m}(x, y)$$

dieser Produkte sind Splineflächen vom Grad n, m. Ihre partiellen Ableitungen sind Splineflächen entsprechend niedrigeren Grades, z.B.

$$\frac{\partial}{\partial x} N_{i,j}^{n,m}(x, y) = \frac{\mathrm{d}}{\mathrm{d}x} N_i^n(x) \cdot N_j^m(y)$$

$$= N_{i,j}^{n-1,m}(x, y) - N_{i+1,j}^{n-1,m}(x, y), \text{ etc.}$$

Bild 27.4 zeigt einen bilinearen und Bild 27.5 einen biquadratischen B-Spline.

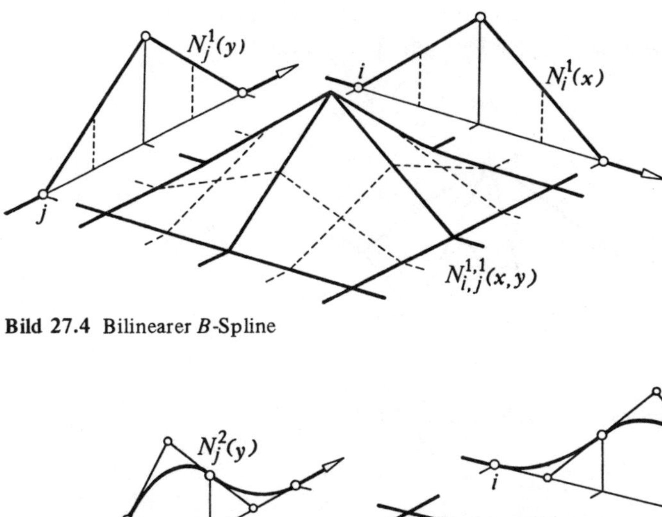

Bild 27.4 Bilinearer B-Spline

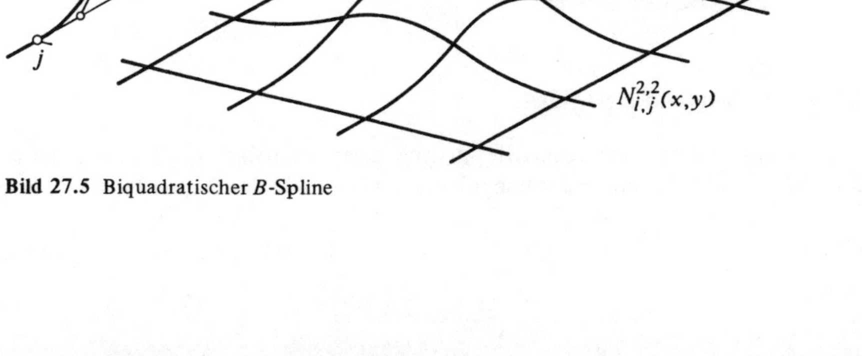

Bild 27.5 Biquadratischer B-Spline

Bemerkung 2: Die Bézierordinaten eines solchen bivariaten B-Splines sind Produkte der Bézierordinaten der univariaten B-Splines.

Bemerkung 3: Man beachte, daß ein solcher bivariater Spline i.a. nicht das Produkt zweier univariater Splines ist, d.h. Produktbildung und Linearkombination univariater B-Splines sind nicht vertauschbar. Um das hervorzuheben, bezeichnet man die Menge der Linearkombinationen als **Tensorprodukt**.

Splines über unregelmäßigen Unterteilungen von G sind nur sehr aufwendig zu realisieren. Ausnahmen bilden der stückweise konstante Spline und der stückweise lineare Spline über einer Triangulation der xy-Ebene. Ein konstanter B-Spline ist ein Dreieck wie in Bild 27.6, ein linearer B-Spline ist eine Pyramide wie in Bild 27.7.

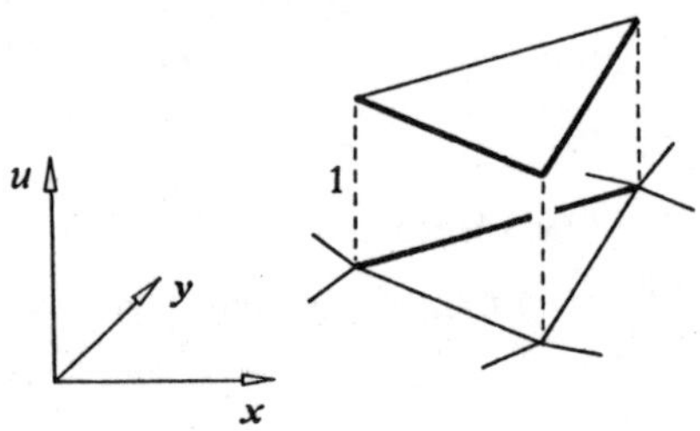

Bild 27.6 Konstanter B-Spline über einer Triangulation

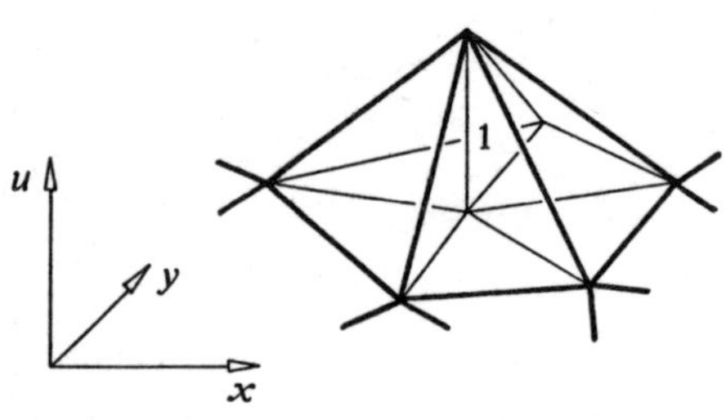

Bild 27.7 Linearer B-Spline über einer Triangulation

Die ersten partiellen Ableitungen eines solchen linearen B-Splines sind stückweise konstant. Wegen ihrer Einfachheit hat die Verwendung linearer B-Splines als **Method of plates** weite Verbreitung gefunden.

27.4 Numerische Beispiele

Als praktische Beispiele werden die Auslenkungen des belasteten Seils und der belasteten Membran aus **26.1** näherungsweise mittels der **Methode der finiten Elemente** bestimmt.

Beispiel 1: Das Seil aus **26.1** habe die Länge $l = 4$, es werde halbseitig von $l/2$ bis l durch $f = -0.4$ belastet. Es ist die Energie

$$\frac{1}{2}\int_0^4 (u^{\prime})^2\,\mathrm{d}x - \int_0^4 fu\,\mathrm{d}x$$

näherungsweise zu minimieren.

Der Ansatz

$$v(x) = c_1 v_1(x) + c_2 v_2(x) + c_3 v_3(x) \quad \text{mit } v_i(x) = N^1_{i-1}(x)$$

genügt den Randbedingungen, er besitzt vier Segmente, seine erste Ableitung ist segmentweise konstant.

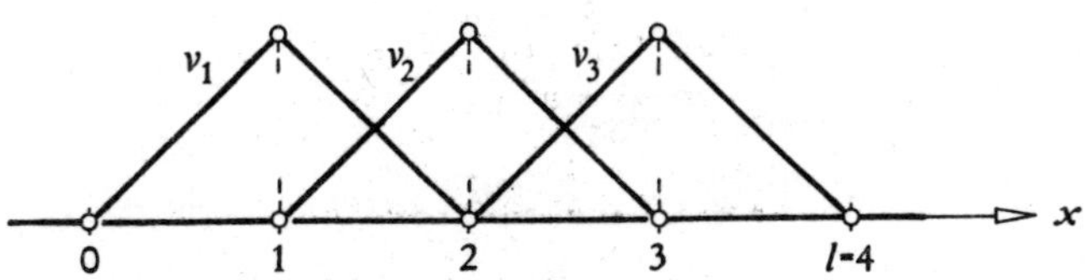

Bild 27.8 Ansatz mit linearen Splines

Die für die Bestimmung der Beiträge

$$\underset{k}{a_{i,j}} = \int_{k-1}^{k} v_i^{\prime} v_j^{\prime}\,\mathrm{d}x\,, \qquad \underset{k}{a_i} = \int_{k-1}^{k} \underset{k}{f}\, v_i\,\mathrm{d}x$$

zu den Koeffizienten der Ritzschen Gleichungen aus **27.1** benötigten Werte $v_i^{\prime}$ etc. sind in der folgenden Tafel zusammengestellt:

	$k=1$	$k=2$	$k=3$	$k=4$
$\underset{k}{v_1^{\prime}} =$	1	−1	·	·
$\underset{k}{v_2^{\prime}} =$	·	1	−1	·
$\underset{k}{v_3^{\prime}} =$	·	·	1	−1
$\int_k v_1 =$	1/2	1/2	·	·
$\int_k v_2 =$	·	1/2	1/2	·
$\int_k v_3 =$	·	·	1/2	·
$\underset{k}{f} =$	0	0	−0.4	−0.4

Aus dieser Tafel lassen sich die Anteile $\underset{k}{A}$ und $\underset{k}{\boldsymbol{a}}$ fast unmittelbar ablesen:

$$k=1 \quad \begin{bmatrix} 1 & \cdot & \cdot \\ \cdot & \cdot & \cdot \\ \cdot & \cdot & \cdot \end{bmatrix} \qquad k=2 \quad \begin{bmatrix} 1 & -1 & \cdot \\ -1 & 1 & \cdot \\ \cdot & \cdot & \cdot \end{bmatrix} \qquad k=3 \quad \begin{bmatrix} \cdot & \cdot & \cdot \\ \cdot & 1 & -1 \\ \cdot & -1 & 1 \end{bmatrix} \qquad k=4 \quad \begin{bmatrix} \cdot & \cdot & \cdot \\ \cdot & \cdot & \cdot \\ \cdot & \cdot & 1 \end{bmatrix}$$

$$0 \cdot \begin{bmatrix} 1/2 \\ \cdot \\ \cdot \end{bmatrix} \qquad 0 \cdot \begin{bmatrix} 1/2 \\ 1/2 \\ \cdot \end{bmatrix} \qquad -0.4 \cdot \begin{bmatrix} \cdot \\ 1/2 \\ 1/2 \end{bmatrix} \qquad -0.4 \cdot \begin{bmatrix} \cdot \\ \cdot \\ 1/2 \end{bmatrix}$$

Die Elemente $\underset{k}{a}_{i,j}$ und $\underset{k}{a}_i$, die wegen der Bemerkung zu Eigenschaft (3) in **27.1** verschwinden, sind durch $\cdot$ markiert. Durch Summation erhält man die Ritzschen Gleichungen

$$\begin{bmatrix} 2 & -1 & \cdot \\ -1 & 2 & -1 \\ \cdot & -1 & 2 \end{bmatrix} \begin{bmatrix} c_1 \\ c_2 \\ c_3 \end{bmatrix} - \begin{bmatrix} 0 \\ -0.2 \\ -0.4 \end{bmatrix} = \mathbf{o}\,.$$

Sie besitzen die Lösung

$$c_1 = -0.2, \quad c_2 = -0.4, \quad c_3 = -0.4\,,$$

sie ist in Bild 27.9 dargestellt.

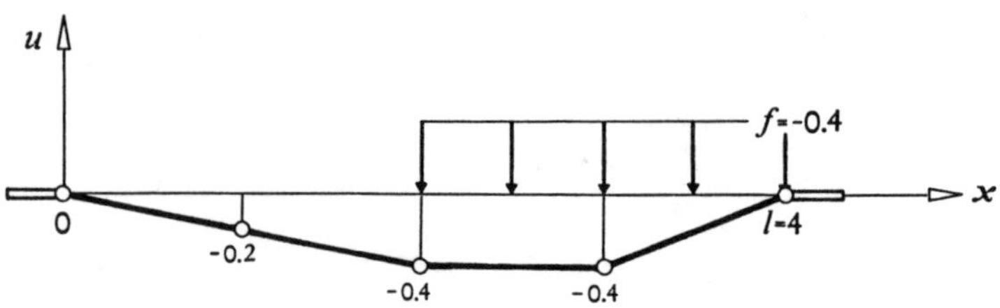

Bild 27.9 Belastetes Seil, linearer Spline

Beispiel 2: Die näherungsweise Lösung der zugehörigen Differentialgleichung aus **26.3** erfordert einen quadratischen Ansatz. Daher genügt die Zerlegung in zwei Segmente. Das Seil habe die Länge $l = 2$ und werde halbseitig von $l/2$ bis l durch $f = -1.6$ belastet. Der Ansatz

$$v(x) = c_0 N_{-2}^2(x) + c_1 N_{-1}^2(x) + c_2 N_0^2(x) + c_3 N_1^2(x)$$

genügt den Randbedingungen nur für $c_0 + c_1 = 0$ und $c_2 + c_3 = 0$. Das führt auf den vereinfachten Ansatz

$$v(x) = c_1 v_1(x) + c_2 v_2(x)$$

mit

$$v_1(x) = N_{-1}^2(x) - N_{-2}^2(x), \quad v_2(x) = N_0^2(x) - N_1^2(x)\,,$$

der den Randbedingungen genügt, er besitzt nur zwei Segmente, seine zweiten Ableitungen sind segmentweise konstant.

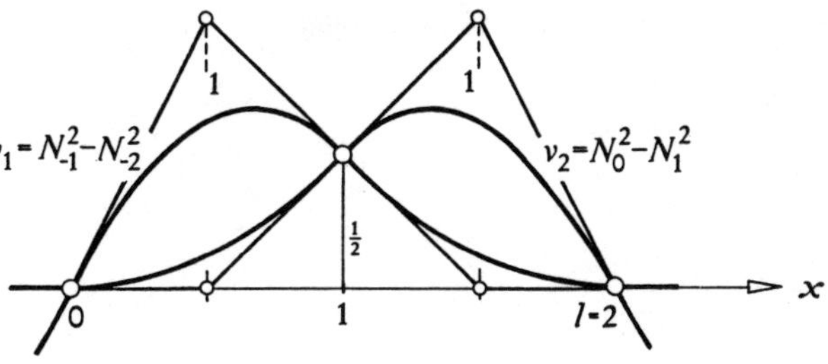

Bild 27.10 Ansatz mit quadratischen Splines

Die für die Bestimmung der Beiträge

$$\underset{k}{a_{i,j}} = \int_{k-1}^{k} -\underset{k}{v_i}\,\underset{k}{v_j''}\,\mathrm{d}x\,, \quad \underset{k}{a_i} = \int_{k-1}^{k} \underset{k}{f}\,\underset{k}{v_i}\,\mathrm{d}x$$

zu den Koeffizienten der Galerkinschen Gleichungen aus **27.3** benötigten Werte v_i etc. sind in der folgenden Tafel zusammengestellt:

		$k = 1$	$k = 2$
Bézierordinaten	$\underset{k}{v_1}$:	0, 1, 1/2	1/2, 0, 0
	$\underset{k}{v_2}$:	0, 0, 1/2	1/2, 1, 0
	$\underset{k}{v_1''}$ =	−3	1
	$\underset{k}{v_2''}$ =	1	−3
	$\int \underset{k}{v_1}$ =	1/2	1/6
	$\int \underset{k}{v_2}$ =	1/6	1/2
	$\underset{k}{f}$ =	0	−1.6

Dabei bestimmt man $\underset{k}{v_i''}$ und $\int \underset{k}{v_i}$ unmittelbar aus den Bézierordinaten von $\underset{k}{v_i}$ nach **20.2** bzw. **22.6**.

Die Anteile $\underset{k}{A}$ und $\underset{k}{a}$ lassen sich aus der Tafel ablesen:

$k = 1$

$$\begin{bmatrix} 3/2 & -1/2 \\ 1/2 & -1/6 \end{bmatrix} \qquad 0 \cdot \begin{bmatrix} 1/2 \\ 1/6 \end{bmatrix}$$

$k = 2$

$$\begin{bmatrix} -1/6 & 1/2 \\ -1/2 & 3/2 \end{bmatrix} \qquad -1.6 \cdot \begin{bmatrix} 1/6 \\ 1/2 \end{bmatrix}$$

Durch Summation erhält man die Galerkinschen Gleichungen

$$\begin{bmatrix} 4/3 & 0 \\ 0 & 4/3 \end{bmatrix} \cdot \begin{bmatrix} c_1 \\ c_2 \end{bmatrix} - \begin{bmatrix} -4/15 \\ -4/5 \end{bmatrix} = \mathbf{0} .$$

Sie besitzen die Lösung

$$c_1 = -0.2 , \quad c_2 = -0.6 ,$$

sie ist in Bild 27.11 dargestellt.

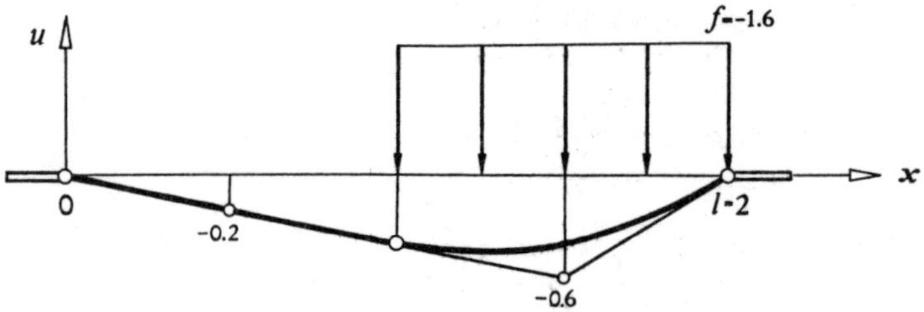

Bild 27.11 Belastetes Seil, quadratischer Spline

Beispiel 3: Die Membran aus **26.1** habe die Länge $l = 4$ und die Breite $b = 1$, sie werde halbseitig von $l/2$ bis l durch $f = -0.4$ belastet. Es ist die Energie

$$\frac{1}{2} \int_0^4 \int_0^1 (u_x^2 + u_y^2) \, \mathrm{d}y \, \mathrm{d}x - \int_0^4 \int_0^1 f u \, \mathrm{d}y \, \mathrm{d}x$$

näherungsweise zu minimieren. Es genügt ein Ansatz mit linearen Funktionen. Dazu wird das Gebiet G z.B. wie in Bild 27.12 trianguliert.

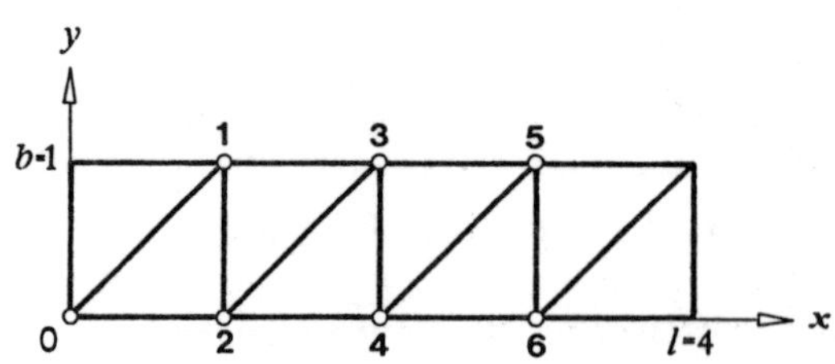

Bild 27.12 Triangulation von G

Der Ansatz

$$v(x, y) = c_1 v_1(x, y) + \ldots + c_6 v_6(x, y)$$

benutzt Pyramiden v_i mit der Spitze über den „Knoten“ **1**, ... , **6**, er genügt den Randbedingungen und überdeckt die acht Segmente. Seine ersten partiellen Ableitungen sind segmentweise konstant, sie sind als Spalte $\begin{bmatrix} v_x \\ v_y \end{bmatrix}_i$ für den linearen B-Spline zum Knoten i in Bild 27.13 angegeben.

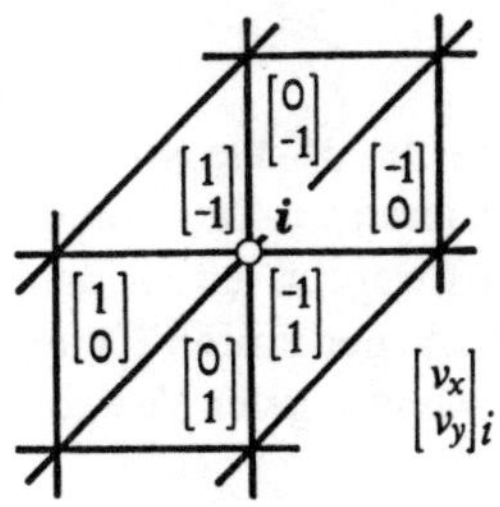

Bild 27.13 Linearer B-Spline mit partiellen Ableitungen

Für jedes Dreieck $\underset{k}{G}$ des Trägers von v_i ist

$$\int_{\underset{k}{G}} 1 \, dx \, dy = \frac{1}{2} \quad \text{und} \quad \int_{\underset{k}{G}} v_i \, dx \, dy = \frac{1}{6} .$$

Damit lassen sich die Koeffizienten

$$a_{i,j} = \int_G [v_x, v_y]_i \begin{bmatrix} v_x \\ v_y \end{bmatrix}_j , \qquad a_i = \int_G f v_i$$

der Ritzschen Gleichungen fast unmittelbar ablesen: es ist

$$\begin{bmatrix} 2 & -1 & -1/2 & \cdot & \cdot & \cdot \\ -1 & 2 & 0 & -1/2 & \cdot & \cdot \\ -1/2 & 0 & 2 & -1 & -1/2 & \cdot \\ \cdot & -1/2 & -1 & 2 & 0 & -1/2 \\ \cdot & \cdot & -1/2 & 0 & 2 & -1 \\ \cdot & \cdot & \cdot & -1/2 & -1 & 2 \end{bmatrix} \begin{bmatrix} c_1 \\ c_2 \\ c_3 \\ c_4 \\ c_5 \\ c_6 \end{bmatrix} - \begin{bmatrix} 0 \\ 0 \\ -1/15 \\ -2/15 \\ -1/5 \\ -1/5 \end{bmatrix} = o .$$

Sie besitzen die Lösung

$$c_{1/2} = -0.2 \pm \eta , \quad c_{3/4} = -0.4 \pm 6\,\eta , \quad c_{5/6} = -0.4 \pm \eta ,$$

mit

$$\eta = 0.002 ,$$

sie ist in Bild 27.14 dargestellt.

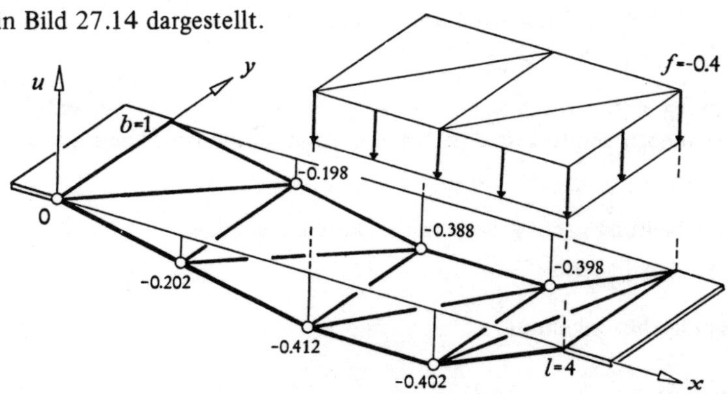

Bild 27.14 Belastete Membran, „Method of Plates“

27.5 Lokale Koordinaten

Schon in **21.1** wurden zur Beschreibung der einzelnen Segmente „lokale Koordinaten" verwendet. Sie wurden – ohne daß besonders darauf hingewiesen wurde – auch in den Beispielen in **27.4** benutzt. Die Verwendung solcher lokaler Koordinaten für die Beschreibung der Segmente ist ein wichtiges Hilfsmittel in der Methode der finiten Elemente, sie erleichtern die einheitliche Formulierung und damit die Anwendung der Verfahren wesentlich.

Die einfachsten lokalen Koordinaten auf einer Strecke x_0, x_1, in einem Viereck $\boldsymbol{x}_{0,0}$, $\boldsymbol{x}_{1,0}, \boldsymbol{x}_{0,1}, \boldsymbol{x}_{1,1}$ oder einem Dreieck $\boldsymbol{x}_{0,0}, \boldsymbol{x}_{1,0}, \boldsymbol{x}_{0,1}$ erhält man durch lineare Interpolation **18.7**

$$x = x_0(1-\xi) + x_1\xi\,, \quad \xi \in [0,1]\,,$$

oder bilineare Interpolation **18.6**

$$\boldsymbol{x} = [\boldsymbol{x}_{0,0}(1-\xi) + \boldsymbol{x}_{1,0}\xi]\,(1-\eta) + [\boldsymbol{x}_{0,1}(1-\xi) + \boldsymbol{x}_{1,1}\xi]\eta, \quad \xi, \eta \in [0,1]\,,$$

was man, wenn die $\boldsymbol{x}_{i,j}$ in natürlicher Anordnung ein Parallelogramm bilden, d.h. wenn $\boldsymbol{x}_{0,0} - \boldsymbol{x}_{1,0} - \boldsymbol{x}_{0,1} + \boldsymbol{x}_{1,1} = \boldsymbol{o}$ ist, auch so schrauben kann

$$\boldsymbol{x} = \boldsymbol{x}_{0,0} + [\boldsymbol{x}_{1,0} - \boldsymbol{x}_{0,0}]\,\xi + [\boldsymbol{x}_{0,1} - \boldsymbol{x}_{0,0}]\,\eta\,.$$

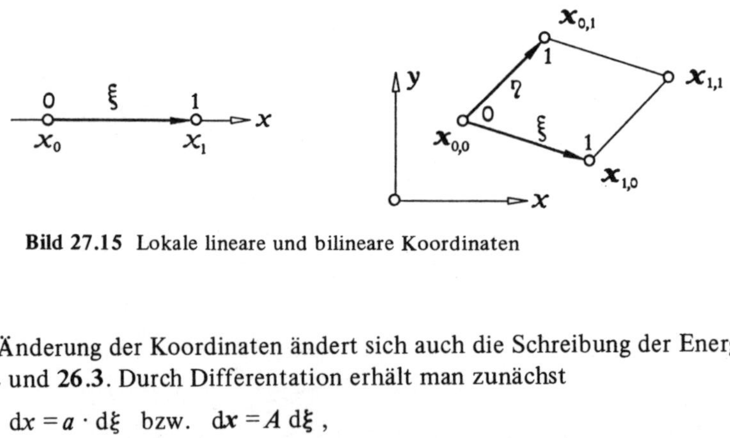

Bild 27.15 Lokale lineare und bilineare Koordinaten

Mit der Änderung der Koordinaten ändert sich auch die Schreibung der Energie-Integrale aus **26.2** und **26.3**. Durch Differentation erhält man zunächst

$$dx = a \cdot d\xi \quad \text{bzw.} \quad d\boldsymbol{x} = A\, d\boldsymbol{\xi}\,,$$

wobei zur Abkürzung $a = x_1 - x_0$ bzw. $A = [\boldsymbol{x}_{1,0} - \boldsymbol{x}_{0,0}, \boldsymbol{x}_{0,1} - \boldsymbol{x}_{0,0}]$ gesetzt ist, usf. Daraus ergeben sich nach den Regeln der Differentation für die Ableitungen von u

$$\dot{u} = a u'\,, \quad \ddot{u} = a^2 u''\,, \ldots$$

(die gewöhnliche Ableitung nach ξ wird mit $\cdot$ bezeichnet) bzw.

$$[u_\xi, u_\eta] = [u_x, u_y]A$$

etc. Das kann man leicht umkehren

$$u' = \frac{1}{a}\dot{u}\,, \quad u'' = \frac{1}{a^2}\ddot{u}\,, \ldots$$

bzw.

$$[u_x, u_y] = [u_\xi, u_\eta] A^{-1}$$

und in die Energie-Integrale einsetzen. Dabei ist das Integrationselement dx bzw. $dx\,dy$ noch zu ersetzen durch

$$a \cdot d\xi \quad \text{bzw.} \quad \det A \cdot d\xi\, d\eta\,.$$

Durch die Einführung lokaler Koordinaten in den Teilgebieten $\underset{k}{G}$ werden die Integrationsgrenzen vereinfacht und die Auswertung der Integrale über $\underset{k}{G}$ einer einheitlichen numerischen Behandlung zugänglich gemacht.

Bemerkung 4: Die Koeffizienten der quadratischen Form q, der Linearform l bzw. des Differentialoperators $\mathscr{L}$ sind nicht immer konstant und erschweren damit die Integration. Im allgemeinen reicht es aus, sie über den Teilgebieten $\underset{k}{G}$ durch konstante oder lineare (bilineare) Splines zu approximieren. Das gleiche gilt für die Funktion f, vgl. Bild 27.14.

Beispiel 4: Für das Integral des Beispiels 1 aus **26.1** erhält man für das Intervall $[x_0, x_1]$ den Energieanteil

$$\frac{1}{2a} \int_0^1 (\dot{u})^2\, d\xi \;-\; a \int_0^1 f u\, d\xi\,.$$

Beispiel 5: Für das Integral des Beispiels 2 aus **26.1** erhält man für ein durch $\boldsymbol{x}_{0,0}, \boldsymbol{x}_{1,0}, \boldsymbol{x}_{0,1}$ gegebenes Parallelogramm den Energieanteil

$$\det A \left(\frac{1}{2} \int_0^1 \int_0^1 [u_\xi, u_\eta]\, [A^T A]^{-1} [u_\xi, u_\eta]^T d\eta\, d\xi \;-\; \int_0^1 \int_0^1 f u \cdot d\eta\, d\xi \right).$$

Beispiel 6: Das Intervall $[0,4]$ im Beispiel 1 von **27.4** soll in nur zwei Teilintervalle zerlegt werden. Mit

$$x = 2\,\xi_1 \quad \text{und} \quad x = 2\,\xi_2 + 2$$

erhält man für das zu minimierende Energie-Integral aus **26.3**

$$\int_0^4 \left(-\frac{1}{2}u'' - f\right) u\, dx = \frac{1}{2}\left(\int_0^1 \left(-\frac{1}{2}\ddot{u} - 4f\right) u\, d\xi_1 + \int_0^1 \left(-\frac{1}{2}\ddot{u} - 4f\right) u\, d\xi_2 \right).$$

Die Aufgabe wurde in dieser Form schon im Beispiel 2 von **27.4** gelöst.

27.6 Aufgaben und Ergänzungen

1. Mit der Methode der finiten Elemente wurden anfangs hauptsächlich die Verschiebungen von Knoten in Stabwerken berechnet. Deshalb heißen die Koeffizienten c_i auch **Knotenvariablen.**

2. Versuchsfunktionen, die den physikalischen oder mathematischen Stetigkeitsanforderungen genügen, heißen **konform.** In der Praxis führt häufig auch der weniger aufwendige Einsatz von nicht-konformen Versuchsfunktionen zu brauchbaren Ergebnissen.
3. Analog zu den vorgestellten uni- und bivariaten Ansätzen lassen sich auch trivariate Versuchsfunktionen über einem dreidimensionalen Gebiet G definieren, das am einfachsten in tetraeder-, quader- oder prismenförmige Teilgebiete $\underset{k}{G}$ unterteilt wird.
4. Häufig ist die Approximation von krummlinig berandeten Gebieten G durch gradlinig berandete Teilgebiete $\underset{k}{G}$ ausreichend. Ist dies zu ungenau, so approximiert man den Rand etwa durch quadratische Splines. Man spricht von **isoparametrischen Elementen,** wenn die Transformation auf lokale Koordinaten von derselben Gestalt ist wie die über dem jeweiligen Teilgebiet definierten Versuchsfunktionen.

28 Literatur-Hinweise

Es gibt zahlreiche Lehrbücher über Numerische Mathematik. Die hier angeführten Titel behandeln mit anderen den Gegenstand des vorliegenden Bandes vertiefend oder von einem anderen Standpunkt:

Björck, A. und *Dahlquist, G.:* Numerische Methoden, Oldenbourg, München 1972
Henrici, P.: Elemente der Numerischen Analysis, 2 Bde, Bibl. Institut, Mannheim 1972
Marchuk, G. I.: Methods of Numerical Mathematics, Springer, Berlin 1982
Schmeißer, G. und *Schirmeier, H.:* Praktische Mathematik, de Gruyter, Berlin 1976
Stiefel, E.: Einführung in die Numerische Mathematik, B. G. Teubner, Stuttgart 1965
Stoer, J.: Einführung in die Numerische Mathematik I, Springer, Berlin 1976
Stoer, J. und *Bulirsch, R.:* Einführung in die Numerische Mathematik II, Springer, Berlin 1978

Zahlreiche Aufgaben mit Lösungen findet man u.a. in:

Hagander, N. und *Sundblad, Y.:* Aufgabensammlung Numerische Methoden, 2 Bde, Oldenbourg, 1972

Spezielle Kapitel der Numerischen Mathematik werden u.a. behandelt in:

Böhm, W., *Farin, G.* und *Kahmann, J.:* A Survey of Curve and Surface Methods in CAGD, Computer Aided Geometric Design 1 (1984), 1–60.
Collatz, L.: Differentialgleichungen, B. G. Teubner, Stuttgart 1981
Davis, P. J.: Interpolation and Approximation, Blaisdell, New York 1963
Prenter, P. M.: Splines and Variational Methods, J. Wiley & Sons, New York 1975
Schwarz, H. R.: Numerik symmetrischer Matrizen, B. G. Teubner, Stuttgart 1972
Schwarz, H. R.: Methode der finiten Elemente, B. G. Teubner, Stuttgart 1980
Wilkinson, J. H.: The Algebraic Eigenvalue Problem, Oxford University Press, London 1965
Wilkinson, J. H. und *Reinsch, C.:* Linear Algebra, Handbook for Automatic Computation, Vol II, Springer, Berlin 1971

BASIC-Programme der meisten in diesem Buch behandelten Algorithmen findet man in:

Kahmann, J.: BASIC-Programme zur Numerischen Mathematik, Vieweg, Braunschweig 1984

Sachwortregister

Seitenzahlen in *kursiver* Schrift weisen auf Algorithmen, Seitenzahlen in **halbfetter** Schrift auf Erläuterungen hin.